잔혹한 진화론

잔혹한 진화론

우리는 왜 불완전한가

사라시나 이사오

황혜숙 옮김

까치

ZANKOKU NA SHINKARON 残酷な進化論

by SARASHINA ISAO 更科功

Copyright © 2019 Isao Sarashina
Original Japanese edition published by NHK Publishing, Inc.
Korean translation rights arranged with NHK Publishing, Inc. through The
English Agency (Japan) Ltd. and Danny Hong Agency.

역자 황혜숙(黃惠淑)
번역이란 단순히 언어를 옮기는 것이 아니라 사고방식과 문화를 전달하는 것
이라는 마음가짐으로 작업에 임하고 있다. 건국대학교 일어교육과를 졸업하
고 뉴질랜드 오클랜드 대학교에서 언어학 석사를 취득했으며, 현재는 시드니
에 거주하면서 번역 에이전시 엔터스코리아 출판기획 및 일본어 전문 번역가
로 15년째 활동 중이다. 옮긴 책으로 『50부터는 인생관을 바꿔야 산다』, 『한
줄 정리의 힘』, 『펭귄과 돌고래도 모르는 수족관의 비밀』, 『독소가 내 몸을
망친다』 등 다수가 있다.

편집, 교정_김미현(金美炫)

잔혹한 진화론 : 우리는 왜 불완전한가
저자 / 사라시나 이사오
역자 / 황혜숙
발행처 / 까치글방
발행인 / 박후영
주소 / 서울시 용산구 서빙고로 67, 파크타워 103동 1003호
전화 / 02 · 735 · 8998, 736 · 7768
팩시밀리 / 02 · 723 · 4591
홈페이지 / www.kachibooks.co.kr
전자우편 / kachibooks@gmail.com
등록번호 / 1-528
등록일 / 1977. 8. 5
초판 1쇄 발행일 / 2020. 10. 28
    2쇄 발행일 / 2022. 12. 26

값 / 뒤표지에 쓰여 있음

ISBN 978-89-7291-727-4 03470
이 도서의 국립중앙도서관 출판예정도서목록(CIP)은 서지정보유통지원시스템 홈페이지(http://
seoji.nl.go.kr)와 국가자료종합목록시스템(http://www.nl.go.kr/kolisnet)에서 이용하실 수 있
습니다. (CIP제어번호 : CIP2020043382)

차례

제1부 인간은 진화의 정점이 아니다

제2부 인류는 어떻게 인간이 되었는가

들어가며

유명한 대기업에서 꽤 잘나가던 한 남자가 정년 퇴직을 했다. 그는 다른 곳에 재취업을 하려고 직업안내소에 상담을 받으러 가기도 하고 여기저기 면접도 보러 다녔다. 그러나 대기업에 다니던 시절의 자신이 자꾸만 떠올라서 좀처럼 만족스러운 일자리를 찾을 수 없었다.

"내가 그런 말도 안 되는 조건으로 일을 할 것 같아! 무시하는 건가? 사람을 뭘로 보고……."

자신도 모르게 그렇게 중얼거리고는 했다.

나는 요즘 이런 소설의 한 구절을 읽으면서 다음과 같은 공상에 잠겼다.

때는 바야흐로 30세기. 지구에서는 우주 여행이 일상적인 일이 되고, 다른 행성에 사는 외계인과의 교류도 시작되었다. 그러던 어느 날 지구에 거대한 운석이 충돌해서 지구는 산산조각이 나고 말았다. 다행히 지구의 생물은 운석이 충돌하리라는 것을 미리 알았고, 다른 외계인이 사는 행성으로 이주해서 무사히 위기를 넘겼다.

알파 별에는 인간과 지렁이, 소나무가 이주를 허락받았다.

"힘드셨겠네요. 자기 별이 사라지다니, 딱하기도 하지……."

그러나 처음에는 지구에서 온 생물들을 불쌍히 여기며 친절하게 대해주던 알파 별 사람들에게도 이들은 점차 짐이 되기 시작했다.

"뭐야? 일도 안 하고 밥만 축내다니. 지구 생물들은 참 뻔뻔하기도 하지……."

일부러 들으라는 듯이 그런 말을 수군대면 여간 불편한 것이 아니었다. 그래서 소나무가 솔선해서 일을 하기 시작했다. 소나무는 광합성을 할 수 있으니 열심히 일산화탄소를 흡수하고 산소를 배출했다. 알파 별 사람들도 산소를 마시기 때문에 소나무에게 매우 고마워했다.

"소나무는 정말 부지런히 일하는군. 소나무 옆에 가면 산소를 많이 마실 수 있으니 기분이 좋아져. 그런데 인간과 지렁이는 아무짝에도 쓸모가 없단 말이야."

눈치가 보인 지렁이도 밭에서 일을 하기 시작했다. 지렁이는 땅속을 돌아다니면서 토양을 비옥하게 만들었다.

"아이고 지렁이도 일을 아주 잘하네. 지렁이 덕분에 농작물 수확량이 늘었지 뭐야. 그런데 인간은 대체 뭘 하는지……."

이 말을 들은 인간은 버럭 화를 냈다.

"무시하지 마! 대체 나를 뭘로 보고……. 나 인간이야, 인간이라고. 지구에 살 때 내가 얼마나 대단한 존재였는지 너희들이 알기나 해? 고작 지렁이나 소나무 따위와 비교하다니!"

알파 별 사람들은 얼굴을 찡그렸다.

"그럼, 당신은 지렁이나 소나무는 하지 못하는 뭔가를 할 수 있나요?"

"무, 물론이지."

"그게 뭐죠?"

"음……그렇지, 더하기. 맞아, 나는 더하기를 할 수 있어."

그러나 더하기는 알파 별 사람들도 할 수 있었기 때문에 결국 인간은 아무짝에도 쓸모없는 존재가 되었다.

지구에는 다양한 생물들이 있는데, 현재로서는 그중 '인간'이라는 유인원 한 종이 매우 번성하고 있다. 그러나 이는 어쩌다 보니 그렇게 된 것이지 다른 곳이나 다른 시대에도 그럴지는 알 수 없다. 아니, 100년 후만 해도 어떻게 되어 있을지 모를 일이다.

우리 인간은 진화의 정점도 아니고, 진화의 종착점도 아니다. 우리는 그저 진화의 도중에 있을 뿐이다. 그런 의미에서는 다른 모든 생물과 별 다를 바가 없다.

　게다가 아무리 진화한다고 하더라도 환경에 완벽하게 적응할 수는 없다. 이는 특정 장소에 오래 살면서 적응한 종을 외래종이 들어와 간단히 제거하는 일이 종종 일어나는 것만 보아도 분명하다. 생물이 환경에 완전히 적응한다는 것은 비현실적이라고 할까, 공상 속의 산물일 뿐이며 현실에는 존재하지 않는다. 인간을 포함한 모든 생물은 어디까지나 "불완전한" 존재인 셈이다.

　우리는 인간이라는 종을 특별하게 생각하는 경향이 있다. 아마 뇌가 크기 때문일 것이다. 그러나 4만 년 전에 멸종한 네안데르탈인은 우리보다 뇌가 컸다. 그러니 뇌가 큰 것이 반드시 좋은지는 알 수 없다.

　인간은 점점 진화하고 있지만 진화란 단순히 변화일 뿐이다. 더 좋아지기도 하고 나빠지기도 한다. '진화'가 늘 향상을 의미하지는 않으며, 살아가는 데에 숭고한 목적이 있는 것도 아니다(물론 숭고한 목적을 위해서 살 수는 있지만, 그것은 살면서 스스로 정하는 것이다). 생물에게는 살아가는 것 자체가 목적이며, 이는 인간이나 대장균이나 마찬가지이다.

　결국 인간은 특별한 존재가 아니다. 유일무이하지만 최고는 아니다. 그러므로 인간이라는 종이 위대하다고 생각하는 사람에게 진화란 어떤 의미에서 잔혹한 것인지도 모른다. 인간을 특별 대우해주지 않기 때문이다.

만일 지구가 사라져서 당신이 다른 별로 이주하게 된다면……
당신은 직업소개소에 일자리를 찾으러 갈지도 모른다. 온화하고
성격 좋은 당신은 차마 말은 하지 못하고 속으로만 끙끙 앓을 것
이다.

"무시하지 마! 나를 뭘로 보고……난 인간이야. 옛날에는 정말
대단했다고."

그때 직업소개소의 상담원은 당신에게 무슨 말을 할까? 그런
상상을 하면서 이 책을 쓴다.

서장

우리는 왜 사는가?

살아가는 데에 목적이 있는가?

우리는 왜 살까? 언젠가는 죽을지라도 우리는 되도록 오래 살기를 바란다. 하지만 왜 그렇게 사는 데에 집착할까? 사는 데에 목적이나 의미 같은 것이 있을까?

갑자기 사는 목적이 무엇이냐고 물으면 선뜻 대답하기가 쉽지 않다. 그러니 조금 다른 각도에서 생각해보기로 하자. 먼저 생물과 비슷한 태풍을 예로 들어보자.

사실 태풍이 발생하는 원리는 상당히 복잡하다. 열대에서 공기가 데워져야 하고, 지구가 자전을 하고 있기 때문에 이 공기가 시계 반대 방향으로 회전해야 하며, 그 공기에서 어떤 회오리가 생겨나야 하는 등 몇 가지 조건이 필요하다.

조건이 다 갖추어지면 태풍이 잘 발생할 것 같지만 대부분은 크게 발달하지 못하고 사라진다. 운 좋게(인간에게는 운 나쁘게) 일정 선을 넘은 것만이 태풍으로 성장한다.

일단 태풍이 생기면 며칠간 계속 활동한다. 태풍의 평균 수명은 약 5일이지만 그중에는 20일 가까이 활동을 계속하는 것도 있다. 태풍이 활동하는 동안의 에너지원은 수증기가 액체화될 때에 나오는 열이다. 이 수증기를 대량으로 발생시키는 것은 따뜻한 바닷물이므로, 엄밀히 말해서 태풍의 에너지원은 바닷물의 열 에너지라고 할 수 있다. 그 에너지는 주위의 수증기나 공기를 끌어들여 태풍을 만든다.

즉 태풍의 주식은 바닷물의 열이다. 태풍은 바닷물의 열을 먹으면서 며칠을 산다. 그러나 지구가 자전하면서 그 영향으로 태풍이 북상하면 주변 바닷물의 온도가 내려가서 태풍의 식량도 사라진다.

육지로 상륙해도 밥이 없는 것은 마찬가지이므로 결국 태풍은 점점 약해지다가 소멸하고 만다. 태풍도 밥을 계속 먹지 못하면 살아갈 수 없기 때문이다.

태풍도 "살아 있다"

2017년 여름 일본을 강타한 태풍 5호는 2개로 분열된 태풍이었던 것으로 유명하다. 태풍 5호는 와카야마 현에 상륙한 이후 조금씩 동쪽으로 북상하여 기후 현에서 나가노 현에 걸친 산맥에 부딪혀서 2개로 나뉘었다.

태풍은 밥을 먹을 수 있는 동안에는 활동을 계속하고, 분열해서 그 수를 늘리기도 한다. 반면 밥을 먹지 못하면 소멸한다. 만일 수십 년간 계속 존재하는 태풍이 있다면 어떻게 될까? 지구에서는 불가능하지만 우주 어딘가의 행성에서는 태풍이 계속해서 에너지를 흡수할 수 있는 환경이 갖추어져 있을지도 모른다.

그 행성에는 바다 위에 태풍이 많을 것이다. 이 태풍들은 때때로 육지로 올라와서 산맥에 부딪히면 2개로 분열되면서 작아지지만 다시 따뜻한 바다 위로 나오면 열을 흡수해서 원래대로 커질 것이다. 이러한 상황이 장기간에 걸쳐 이어지면 태풍은 어떻게 변화해갈까?

원래 태풍에는 여러 유형이 있다. 어쩌면 태풍의 회전 방식이나 습도 등에 따라서 산맥에 부딪혔을 때의 분열 방식에 차이가 있을지도 모른다. 이런 회전 방식이나 습도는 분열되어 새로 생긴 태풍도 물려받을 가능성이 높다. 이는 분열되기 쉬운 태풍은 그 자손도 분열되기 쉽고, 잘 분열되지 않는 태풍은 그 자손도 좀처럼 분열되지 않을 가능성이 있다는 뜻이다(여기에서 "태풍의 자손"은 분열한 후의 태풍을 가리킨다).

어쩌면 회전 방식이나 습도에 따라서 열을 흡수하는 정도에도 차이가 있을지 모른다. 만일 그렇다면 열을 흡수하기 쉬운 태풍의 수가 늘어날지도 모른다. 그 행성의 환경이 변해서 습도가 조금 떨어질 수도 있는데, 그럴 때에 살아남는 것은 열을 잘 흡수하는 태풍이기 때문이다.

그 결과, 잘 분열되지 않는 태풍의 수는 줄어드는 반면, 분열되기 쉬운 태풍의 수는 늘어간다. 열을 잘 흡수하지 못하는 태풍은 줄어들고, 열을 잘 흡수하는 태풍은 늘어난다. 즉 태풍이 진화하는 것이다.

사실 이렇게 간단한 문제인지는 알 수 없지만, 일단 이 이론대로 된다고 치자. 그러면 이 행성에는 태풍이 많이 살게 된다. 바다 위를 몇 개의 태풍이 돌아다니면서 바닷물의 열을 흡수하다가 멈추고 육지로 올라와 산맥에 부딪혀서 분열된다. 그렇게 태어난 태풍의 자손은 육지에서 바다로 내려와 열을 흡수하기 시작한다. 그리고는 성장해서 어른 태풍이 된다.

사실 태풍에게는 살아가는 목적이라고 할 만한 것이 없다. 어차피 태풍이란 그저 공기의 움직임일 뿐이다. 그러나 태풍은 생물과 상당히 유사하다. 오랜 옛날에 살던 초기 생물과는 매우 비슷할지도 모른다. 물론 재료는 다르다. 태풍은 공기로 이루어졌지만 초기 생물을 유기체로 이루어졌을 테니 말이다.

게다가 생물은 세포막이나 피부 같은 무엇인가로 바깥 세계와 구분이 되어 있다. 간단히 말하면 막에 싸여 있다. 그러나 태풍에는 그런 구분이 없다. 하지만 태풍이든 초기 생물이든 주변에서 에너지나 물질을 계속 흡수해서 일정한 모양을 유지하고 자손을 낳으며, 에너지나 물질을 흡수하지 못하게 되면 파괴된다는 점에서는 매우 유사하다.

그러니 여기에서는 태풍도 "살아 있다"고 표현하기로 하자. 즉 에너지를 흡수하는 동안 일정한 모양을 갖추고, 때때로 자신과 같은 존재를 복제하는 것을 "살아 있다"고 표현하는 것이다.

주변에서 에너지나 물질을 계속 흡수해서 일정한 모양을 만드는 구조를 '산일 구조(dissipative structure : 결정 등 평형 상태에서 형성되는 평형 구조에 비해, 비평형 상태에서 나타나는 거시적인 구조를 말한다/옮긴이)'라고 한다. 태풍 이외에 주변에서 볼 수 있는 예로는 가스 버너의 불이 있다. 산일 구조는 러시아 출신의 벨기에 물리학자 일리야 프리고진(1917-2003)이 제창한 구조인데, 프리고진은 이 산일 구조 연구로 1977년에 노벨 화학상을 수상했다. 여기에서는 이를 '복제하는 산일 구조' 대신 "살아 있다"고 표현한다.

살아가도록 만들어진 것이 생물이다

그렇다면 태풍은 어떻게 생겨나고 살아갈 수 있을까? 처음에는 바닷물의 온도가 올라가다 보니 바닷물 위의 수증기도 자연히 늘어갔을 것이다. 이것은 그저 생리 현상에 지나지 않는다. 그러나 이런 여러 가지 생리 현상들이 중복된 결과, 태풍은 살아갈 수 있게 되었다. 우연히 살게 된 것이다. 우연히 에너지를 흡수하는 동안 일정한 형태를 만들고 때때로 같은 것을 복제하게 되었을 뿐이다.

생물도 마찬가지이다. 우연히 막에 둘러싸인 구조의 유기물이 생겨났고, 어쩌다 보니 그것이 살아가게 되었을 것이다. 어쩌다 보니 에너지를 흡수하는 동안 일정한 형태를 만들었고, 때때로 같은 것을 복제하게 되었을 것이다.

분명 아주 오래 전 지구에서는 '복제하는 산일 구조'가 많이 탄생했을 것이다. 그러나 대부분은 이내 사라졌을 것이다. 지구의 태풍처럼 태어났다가 사라지고, 사라졌다가 태어났을 것이다. 그런 와중에 우연히 막에 둘러싸여 우연히 오래 사라지지 않는, '복제하는 산일 구조'가 생겼다. 그리고 약 40억 년 동안 사라지지 않고 살고 있다. 그것이 현재 지구의 생물이다.

그렇다면 살아가는 목적이나, 살아가는 의미를 따지는 데에 무슨 의미가 있을까? 살아 있는 구조가 된 결과로 태어난 것이 생물이라면, 살기 위해서 중요한 것은 있어도 사는 것보다 중요한 것은 없지 않은가? 즉, 살기 위해서 살아 있는 것이 생물이 아닐까?

우리는 하루하루 수많은 생각들을 하면서 살아간다. 물론 꿈을 좇거나 타인을 위해서 노력하는 것은 훌륭한 일이다. 가능하다면 그런 생산적인 행동을 적극적으로 하는 것이 좋다. 그러나 상황이 여의치 않을 때에는 긍정적으로 살아가지 못할 수도 있다. 여러 가지 사정으로 자유롭게 살아가지 못하는 사람도 많다.

그럴 때에는 우리가 인간이기 이전에 생물이라는 사실을 떠올리자. 생물은 살기 위해서 살아가는 것이므로 그냥 살아 있는 것만으로도 훌륭하다. 의미 있는 일을 하지 못한다고 해도 그것은 부끄러운 일이 아니다. 이 세상에 그런 생물은 얼마든지 있으니 말이다.

살기 위해서 먹는다

2017년에 오무아무아라고 불리는 천체가 발견되었다. 궤도로 보아 오무아무아는 태양계 밖에서 날아온 것으로 보인다. 혜성을 비롯해서 지금까지 인간이 관측해온 천체는 모두 태양계 안의 천체였기 때문에 오무아무아는 최초의 '성간 천체(Interstellar object)'로 주목을 받았다.

오무아무아에 대해서는 심지어 외계인이 만든 우주선의 초라한 말로가 아닐까 하는 소문까지 나돌았다. 물론 이는 사실이 아니지만, 그런 꿈까지 꾸게 해주었다.

그런 소문이 돌게 된 원인 중의 하나는 오무아무아의 모양이다. 오무아무아는 약 800미터 길이의 막대기 같은 모양이었는데,

보통 천체는 공 모양, 혹은 오목하거나 볼록할 수는 있어도 길고 가늘지는 않다. 막대기 같은 모양의 천체가 발견된 것은 오무아무아가 처음이었다.

우주 공간을 이동하는 우주선은 길고 가늘어야 유리하다. 우주 공간은 진공 상태에 가깝지만 완전한 진공은 아니므로 그 속에는 가스나 먼지, 작은 돌 같은 것이 어느 정도 존재한다. 그러한 물체에 부딪힐 확률을 줄이려면 아무래도 길고 가는 모양이 바람직하다.

외계인의 교통수단으로 원반 모양의 우주선을 상상하는 사람들이 많지만 실제로는 그렇지 않다. 완전하게 진공 상태라면 모를까 주변에 물질이 있는 곳에서 움직이기 위해서는 길고 가는 모양이 편리하기 때문이다.

자, 이제 생물 이야기로 다시 돌아오자. 사는 **것보다** 중요한 일은 없을지도 모르지만, 살기 **위해서** 중요한 것은 있다. 예를 들면 먹는 일이다. 산일 구조를 유지하려면 에너지를 계속해서 공급해야 한다.

식물은 광합성으로 유기물을 만들 수 있기 때문에 다른 생명을 먹지 않아도 된다. 그러나 우리 인간은 유감스럽게도 광합성을 할 수 없다. 그래서 유기물을 손에 넣기 위해서는 다른 생물, 즉 고기나 채소를 먹어야만 한다.

가만히 입만 벌린다고 먹을 수 있는 것은 아니다. 자진해서 입

오무아무아(제공 : ESO/M.Kornmesser)

안으로 들어와주는 생물은 없다. 그래서 우리 스스로 움직여야 한다. 움직여서 다른 생명을 입안에 넣어야 한다.

이렇게 움직이려면 오무아무아처럼 길고 가는 것이 좋고, 이왕이면 좌우대칭인 편이 바람직하다. 예를 들면 물고기는 지느러미가 좌우에 붙어 있다. 앞으로 전진하려면 양쪽 지느러미를 사용하면 되고, 왼쪽이나 오른쪽 한 방향으로 가려면 한쪽 지느러미만 사용하면 된다. 만일 물고기의 지느러미가 좌우대칭이 아니라 한쪽에만 붙어 있었다면 빙글빙글 돌기 때문에 그다지 멀리 가지 못했을 것이다.

별로 움직이지 않는 해파리나 거의 움직이지 않는 식물은 원에 가까운 모양이거나 완전한 대칭형이 아니다. 그래도 별 문제없다. 그러나 활발하게 돌아다니는 동물은 대체로 좌우대칭형이어서 '좌우대칭동물(bilateria)'이라고 부른다.

그리고 몸의 외부만 좌우대칭이면 된다. 몸의 내부는 움직임과 크게 상관이 없기 때문에 좌우대칭이 아니어도 별 상관이 없다. 우리 인간의 몸도 외부는 좌우대칭이지만 내부는 딱히 좌우대칭이 아니다. 심장도 간도 위도 좌우대칭이 아니다. 우리의 몸 안쪽은 몸의 바깥쪽과는 다른 법칙을 따르고 있는 듯하다. 그렇다면 일단 안쪽부터 살펴보기로 하자.

제 1 부

인간은 진화의 정점이 아니다

제 1 장

심장병에 걸리도록 진화했다

일장공성만골고

일장공성만골고(一將功成萬骨枯 : 한 장군이 세운 공훈의 그늘에는 수많은 병졸의 비참한 죽음이 있다). 이것은 중국 당나라 때의 시인 조송(830?-901)이 지은 시의 한 구절이다. 한 사람의 장군이 전쟁에서 승리해서 이름을 떨치는 한편, 수많은 병졸들이 전투에서 이름도 없이 목숨을 잃는다. 이런 부조리한 일은 전쟁터뿐 아니라 세상 어디에서나 일어나고 있다.

나는 내 몸에 대해서 생각할 때마다 이 말을 떠올린다. 우리 인간은 다세포 동물이다. 수정란이라는 하나의 세포에서 태어나지만, 그후 분열을 계속해서 수많은 세포로 구성된 몸을 만든다. 성인이 되면 대략 40억 개의 세포로 이루어진다.

이들 세포는 하나하나가 살아 있다. 그러나 각각의 세포가 제 멋대로 분열하면 우리의 몸은 엉망진창이 되고 말 것이다. 그래서 각각의 세포는 주변과 협력하면서 '나'라는 개체를 위해서 많은 일을 한다. 분열을 멈추기도 하고, 때에 따라서는 스스로 목숨을 포기하기도 한다. 그 결과 '나'라는 다세포 생물은 인간의 형태를 유지하며 살아갈 수 있다. 즉 많은 세포의 희생 위에 '나'라는 개체가 살고 있다는 이야기이다.

그러나 돌연변이처럼 세포가 이상하게 변할 때가 있다. 세포가 말을 듣지 않는 것이다. 암세포가 바로 그런 예이다. 암세포는 우리 몸속에서 제멋대로 분열하고, 방치하면 우리 몸을 엉망진창으로 만들고 만다. 무엇보다 암세포도 살아가려면 산소를 들이마시거나 영양분을 섭취해야 한다. 암세포도 산소나 영양분 없이는 증식할 수 없기 때문이다.

세포는 산소나 영양분을 혈액 속에서 흡수한다. 암세포도 예외가 아니기 때문에 혈관을 만드는 능력이 필요하다. 암세포가 제멋대로 증식할 수 있는 것은 계속해서 새 혈관을 만들고 있기 때문이다. 암세포는 '혈관내피 성장인자'라는 물질을 생성하는 능력이 있어서, 분열을 통해서 증식하면서 스스로를 위해서 혈관을 만든다.

평범한 세포는 어떨까? 예를 들면 아주 오랜 옛날의 동물은 몸이 작았다. 몸이 작았으니 몸속의 세포도 몸 표면에서 별로 떨어지지 않은 곳에 있었을 것이다. 하물며 단세포 생물에서부터 다세포 생물이 된 지 얼마 되지 않았을 무렵에는 어느 세포나 몸의 표면 가까이에 있었을 것이다. 그러면 피부에서 들어오는 공기가 자연스럽게 퍼져가는 것에만 의존해도 필요한 산소와 영양분을 손에 넣을 수 있다. 그러므로 혈관과 심장은 굳이 필요하지 않다.

그러나 지금의 우리처럼 몸이 커지면 상황이 달라진다. 몸속으로 혈액을 보내지 않으면 세포는 산소와 영양분을 손에 넣을 수도 없고, 살아갈 수도 없다. 그렇기 때문에 우리 몸속에는 그물처럼 혈관이 퍼져 있고 그곳으로 혈액을 보내야 한다.

허파를 망가뜨리지 않기 위한 노력

심장은 혈액을 내보내는 펌프 같은 역할을 한다. 그 동물이 생을 마감하는 순간까지 평생 동안 혈액을 몸속으로 보내야 하므로 이는 매우 힘든 일이다. 그래도 우리 인간에 비하면 개구리나 도마뱀의 심장에는 큰 부담이 가지 않는다. 개구리나 도마뱀은 네발로 기어서 땅 위를 걸어다니기 때문에 머리에서 꼬리까지 높이가 대체로 비슷하다. 그러므로 이들의 심장은 혈액을 거의 옆으로만 흘려보내면 된다.

그러나 포유류나 조류는 몸이 위아래로 길다. 우선 몸의 바로 아래에 다리가 달려 있고 그 아래로 다리가 쭉 뻗어 있다. 몸통이 지면보다 상당히 높은 곳에 있는 셈이다.

게다가 머리는 몸통보다 더 높은 곳에 있기 때문에 머리 꼭대기와 발끝 사이의 거리가 상당히 멀다. 머리 꼭대기에서 발끝까지 혈액을 보내야 하므로 심장의 부담은 매우 커진다. 혈액을 옆으로 보내는 것과 위아래로 보내는 데에는 전혀 다른 힘이 필요하기 때문이다. 그중에서도 목이 긴 기린이나 머리가 큰 인간은 더욱 힘이 든다.

특히 포유류나 조류는 활발하게 움직이는 동물이므로, 몸속의 세포, 그중에서도 근육세포는 산소나 영양분을 많이 필요로 한다. 결과적으로 심장은 점점 많은 혈액을 강력한 힘으로 내보낼 필요가 생긴다.

그렇다면 심장을 점점 강하게 만들어서 굉장히 높은 압력으로 혈액을 내보내면 문제가 해결될 것 같다. 그러나 사실은 그렇지 못하다. 그 이유는 무엇일까?

혈액은 산소와 영양분을 몸속의 세포에 보낸다. 산소는 허파에서, 영양분은 주로 소장에서 혈액에 흡수된다. 여기에서 문제가 발생한다. 우리의 조상인 물고기는 아가미로 주변의 물에서 산소를 받아들였기 때문에 압력으로 인한 문제를 겪지 않았다.

물고기는 아가미를 통해서 몸 밖의 물에서 몸 안의 혈액으로 산소를 흡수한다. 즉 액체에서 액체로 산소를 들이마신다. 액체끼리는 압력이 별로 다르지 않기 때문에, 산소를 들이마실 때에 거의 어려움이 없다.

그러나 오늘날의 인간은 육지에서 산다. 그러므로 몸 밖의 공기에서 몸 안의 혈액으로 산소를 흡수한다. 즉 기체에서 액체로 산소를 받아들인다. 이때 문제가 발생하는데, 이 문제는 산소를 받아들이는 것 자체와는 직접적인 관계가 없다. 산소를 받아들이기 위해서 기체와 액체가 접해야 한다는 것이 문제이다.

산소는 압력이 높은 쪽에서 낮은 쪽으로 흐른다. 정확히 말하면, 산소는 "산소의 압력이 높은 곳에서 산소의 압력이 낮은 쪽으로" 흘러간다. 전체적인 압력이 높은 쪽에서 전체적인 압력이 낮은 쪽으로 흐르는 것이 아니다.

물론 공기는 압력이 낮지만(약 760mmHg), 그중에는 산소가 약 21퍼센트(약 159mmHg)나 포함되어 있다. 허파 안에 들어가면 산소는 흡수되어 줄어들지만 그래도 약 105mmHg 정도는 남아 있다. 한편 허파에서 산소를 흡수하는 정맥혈에는 산소가 약 40mmHg밖에 포함되어 있지 않다(덧붙여 산소가 많은 동맥혈에는 약 100mmHg). 그렇기 때문에 산소는 허파 안의 공기에서 혈액으로 이동해간다. 즉 "산소의 압력"은 허파 안의 공기 쪽이 혈액보다 높은 것이다.

그러나 그것과는 반대로 "전체적인 압력"은 혈액이 허파 속의 공기보다 높다. 따라서 혈액 자체에는 혈관으로부터 허파 속으로 밀어내는 힘이 작용한다. 거기에 악조건이 2개나 더해진다. 하나는 허파의 모세혈관이 산소나 이산화탄소가 겨우 드나들 수 있을 정도로 가느다랗다는 것이고, 다른 하나는 우리가 공기를 빨아들이려고 허파를 부풀리면 허파의 내압이 더 낮아진다는 사실이다. 그렇기 때문에 혈액은 점점 더 허파 쪽으로 밀리게 된다. 모세혈관에서 혈액이 터져나올 것 같지만 어떻게든 견디는, 가까스로 버티는 상태이다.

만일 여기에 혈액이 높은 압력으로 더 흘러 들어오면 어떻게 될까? 몸의 구석구석까지 혈액을 흘려보낼 수 있을 정도의 높은 압력으로 허파의 가느다란 모세혈관에 혈액이 흘러든다면 말이다. 그러면 더 이상 버티지 못한 모세혈관이 터지면서 혈액이 나와 조금씩 허파에 고인다. 허파에 액체가 고이면서 분명 육지에 있는데도 서서히 물에 빠지는 상태가 되는 것이다.

심장을 나누어 사용한다

그런 이유로 허파에는 높은 압력으로 혈액을 흘려보낼 수 없다. 그러나 다른 한편으로는 높은 곳에 위치하는 머리까지 혈액을 보내기 위해서 높은 압력으로 혈액을 내보내야 한다. 이 상반된 요구를 충족시키기 위해서 우리의 심장은 네 개의 방으로 나뉘어 있다.

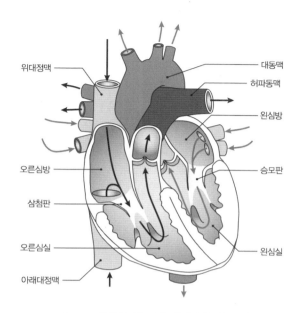

위대정맥

대동맥

허파동맥

왼심방

오른심방

승모판

삼첨판

오른심실

왼심실

아래대정맥

그림 1-1 심장의 구조와 혈액순환의 흐름

심장은 허파로 혈액을 보내기 위한 방과 온몸으로 혈액을 보내기 위한 방으로 나뉘어 있다. 그렇다면 2개의 방이 있으면 충분할 것 같지만, 그렇지 않다. 허파로 혈액을 보내는 것만으로도 2개의 방이 필요하기 때문이다.

심장은 많은 근육으로 구성되어 있다. 근육은 수축시킬 수는 있어도 늘릴 수는 없다. 예를 들면 팔을 굽힐 때에는 팔 안쪽의 근육이 수축된다. 팔을 뻗을 때에는 팔 안쪽 근육이 늘어나는 것이 아니라 바깥쪽 근육이 수축된다. 이때 팔의 안쪽 근육은 늘어나지만 스스로 늘어나는 것은 아니다. 팔을 뻗은 결과, 수동적으로 늘어났을 뿐이다.

한편 심장은 펌프이므로 수축되거나 확장되어야 한다. 수축하기 위해서는 근육을 수축시키면 되겠지만 확장하려면 어떻게 해야 할까? 그러기 위해서는 다른 부분을 수축시켜서 그 반동을 이용해야 한다. 구체적으로는 심방과 심실이라는 2개의 방을 만들어 심방이 수축되었을 때에는 심실이 확장되고, 심실이 수축되었을 때에는 심방이 확장되도록 만들면 된다.

인간의 심장에서는 위의 2개의 방이 심방이고, 아래 2개의 방이 심실이다. 몸의 각 부분에서 정맥을 통해서 돌아오는 혈액이 들어오는 것이 심방이고, 몸의 각 부분으로 동맥을 통해서 혈액을 내보내는 것이 심실이다. 심방도 심실도 좌우에 하나씩 있어서 각각 '왼심방', '오른심방', '왼심실', '오른심실'이라고 한다.

우선 아래쪽의 오른심실이 수축된다. 그러면 위쪽의 오른심방이 확장되어 온몸을 돌아온 산소가 적은 혈액이 오른심방으로 들어온다. 다음으로 오른심방이 수축되면 오른심실이 확장되고, 혈액이 오른심실로 흘러 들어간다. 그리고 다시 오른심실이 수축된다. 오른심실은 오른심방보다 훨씬 두꺼운 근육으로 둘러싸여 있고, 굉장히 강한 힘으로 수축된다. 또한 오른심방과 오른심실의 경계에는 삼첨판이라는 것이 있어서 오른심실이 수축했을 때에 혈액이 오른심방으로 역류하는 것을 막아준다. 결국 혈액은 오른심방 쪽으로는 역류할 수 없기 때문에 허파로 이어지는 허파동맥 쪽으로 밀려나게 된다.

심장 왼쪽에서도 기본적으로는 같은 움직임이 일어난다. 왼심실 근육의 두께가 다를 뿐이다. 왼심실의 근육은 왼심방보다 훨씬 두꺼울 뿐만 아니라, 오른심실보다도 두껍다. 그렇기 때문에 오른심실이 허파로 혈액을 보낼 때보다 훨씬 강한 힘으로 혈액을 온몸에 보낼 수 있다. 이런 원리로 심장은 혈액을 허파에는 낮은 압력으로 내보내고, 온몸에는 높은 압력으로 보낼 수 있다.

아이스맨이 가르쳐준 것

이처럼 네 개의 방으로 된 우리의 심장은 전체적으로 잘 만들어져 있다. 허파로 혈액을 보내서 산소를 흡수시킨 후, 그 혈액을 온몸으로 보내서 몸 구석구석의 세포에 산소를 전할 수 있기 때문이다.

그러나 여기에서 의문이 하나 생긴다. 몸속의 세포에 산소를 보내기 위해서 매일 24시간 움직이고 있는 심장 자체의 세포에는 어떻게 산소를 보내고 있는 것일까?

개구리나 도마뱀의 심장은 내부를 흐르는 혈액에서 산소를 흡수할 수 있다. 그러나 우리의 심장 근육은 치밀한 구조를 갖추고 있어서 내부의 혈액에서 산소를 흡수할 수 없다. 더구나 우리의 심장은 네 개의 방으로 나뉘어 있기 때문에 오른쪽 2개의 방에는 원래 산소가 적은 혈액밖에 들어오지 않는다. 결국 심장 외부에서 심장 전체로 산소를 보내야 한다는 이야기이다.

이것을 가능하게 하는 것이 바로 심장에서 나온 대동맥으로부터 갈라진 '심장동맥'이라는 혈관이다. 심장동맥은 대동맥에서 갈라진 이후 심장의 표면으로 뻗어나가서 월계관처럼 심장을 둘러싼다.

이처럼 심장동맥은 심장 전체에 산소를 운반하는 중요한 역할을 맡고 있지만 직경이 2-4밀리미터로 가늘기 때문에 막히기가 쉽다. 심장동맥을 흐르는 혈액이 줄어들면 협심증이 생기고, 이는 심한 통증을 동반한다. 그리고 심근세포에 혈액이 충분히 흐르지 않아 산소가 부족해지면, 심근세포가 죽기 시작한다. 이것이 심근경색이다.

더구나 심장동맥은 심장이라는 쉴 새 없이 움직이는 기관(器官)의 표면에 붙어 있기 때문에 다른 혈관들은 하지 않아도 되는 수고를 해야 한다. 심장이 수축될 때에는 심장동맥도 눌려서 혈액이 들어올 수가 없다. 따라서 심장이 확장되는 때에 혈액이 들어오게 된다. 그러나 우리가 격한 운동을 할 때에는 심장이 확장되는 주기가 짧아져서 심장동맥에 충분한 혈액을 공급할 수 없게 된다.

즉, 심장은 가장 산소가 필요할 때에 충분한 산소를 받아들일 수 없는 구조로 되어 있다. 운동 중에 협심증을 일으키기 쉬운 이유는 바로 이 때문이다.

혈관 안쪽에 콜레스테롤 등이 쌓여 혈액이 흐르기 힘들어지거나 혈관이 딱딱해지는 현상을 동맥경화라고 한다. 협심증이나 심근경색은 심장동맥의 동맥경화 때문에 일어난다. 그 원인으로 고혈압, 고지혈증(혈액 속의 지방이 늘어나는 것), 흡연, 비만, 당뇨병의 다섯 가지가 자주 언급된다.

병의 원인이 되는 이런 것들을 피하면 협심증이나 심근경색을 겪을 가능성은 줄일 수 있다. 그러나 완전히 피할 수는 없다.

1991년에 이탈리아와 오스트리아의 국경 근처에 있던 빙하에서 약 5,300년 전의 미라가 발견되었다. '아이스맨'이라고 불리는 이 미라는 근처의 산에서 살고 있었을 가능성이 높다. 아이스맨은 흡연도 하지 않았을 것이고 비만도 아니었을 텐데, 사체를 분석해본 결과 그가 동맥경화를 일으켰을 가능성이 높다는 사실이 확인되었다.

이와 같은 협심증이나 심근경색의 증후는 아이스맨뿐만 아니라 이집트나 페루 등의 다양한 미라 분석에서도 보고된 바 있다.

심장은 진화의 실수인가?

협심증이나 심근경색은 아무리 건강한 생활을 해도 일정한 비율로 발병한다. 그래서 심장에 있는 심장동맥을 "진화상의 설계 실

수"라고 부르기도 한다. 그렇게 보면 얼마나 잔인한 이야기인가? 그러나 그것은 어디까지나 인간의 입장에서 본 의견에 지나지 않는다.

자연선택(자연도태라고도 한다)이라는 진화의 메커니즘은 환경에 적합한 형질(을 지닌 개체)을 늘리는 힘이 있다. 결국 자연선택이 늘리는 형질은 자녀를 보다 많이 남길 수 있는 형질이다. 그리고 그것이 전부이다.

설령 협심증이나 심근경색이 일어났다고 해도 그 개체가 번식기가 지났다면 자연선택과는 상관이 없다. 더 이상 자식을 낳지 않는 개체에 무슨 일이 생기든 자연선택은 전혀 관심을 두지 않는다. 뿐만 아니라, 만일 젊은 개체의 일부에 협심증이나 심근경색이 일어났다고 해도 그것을 보충하고도 남는 장점이 있다면 협심증이나 심근경색에 걸리기 쉬운 개체가 자연선택으로 제거되는 일은 없다.

협심증이나 심근경색에 걸리기 쉬워진 본래의 이유는 혈액을 높은 압력으로 온몸으로 보내기 때문이었다. 높은 압력으로 혈액을 보냈더니 머리를 높이 올려서 민첩하게 행동할 수 있었다면, 그리고 심근경색으로 죽은 개체의 수를 보충하고도 남아돌 정도로 자녀를 많이 남겼다면 그러한 형질은 자연선택에 의해서 "진화한다."

일장공성만골고(一將功成萬骨枯). 진화에서의 일장(一將)은 자녀의 수이다. 자녀의 수만 늘릴 수 있다면 나머지는 만골고(萬骨枯)해도 상관이 없다. 현재를 사는 우리는 개체의 생존이 가장 중요하다고 생각하기 쉽다. 병이 들거나 몸이 아플까봐 노심초사하고 무엇보다 죽음을 싫어한다. 그러나 진화는 개체의 생존 따위는 안중에도 없다. 아니, 개체의 생존이 자녀의 수와 상관이 있다면 모를까 그 이외에는 관심이 없다.

그런 의미에서 진화는 심장에도 친절하지 않다. 젊어서 자녀를 낳을 수 있는 동안에는 진화도 심장이 건강히 일하기를 바라지만, 그 뒷일은 배려해주지 않는다. 진화의 측면에서 보면 심장동맥 등의 심장 구조는 진화의 과정에서 생긴 설계상의 실수가 아니라 이상적인 구조일 수도 있다. 다만 그것이 우리에게는 부조리한 구조였을 뿐이다.

이처럼 우리 인류와 진화의 이해관계는 종종 일치하지 않는다. 때때로 진화는 오히려 우리의 적이 된다. 만일 그렇다면 우리도 진화가 하라는 대로 굳이 따를 필요는 없을 것이다. 의학이나 건강한 생활습관은 진화와 싸우기 위한 무기인 셈이다.

제 2 장

조류나 공룡의 허파는 따라잡을 수 없다

금붕어에게 왜 허파가 있을까?

어항에서 기르는 금붕어나 연못에 사는 잉어는 때때로 수면으로 올라와 입을 빠끔거린다. 이는 공기 호흡을 하고 있다는 증거이다. 금붕어나 잉어에게는 허파가 있기 때문에 공기 호흡을 할 수 있다. 그런데 도대체 왜 금붕어에게 허파가 있을까? 금붕어는 물속에서 살고, 아가미로 물속의 산소를 받아들여 호흡한다. 버젓이 아가미가 있는데 왜 허파가 따로 필요할까?

사실 물속에서 살면서도 공기 호흡을 하는 동물은 많다. 심지어 고래는 물속에서 살지만 공기 호흡밖에 하지 않는다. 물방개는 물속에서 사는 곤충이지만 역시 공기 호흡밖에 할 수 없다.

고래나 물방개의 조상은 육지에서 살았기 때문에 공기 호흡을 하는 것을 이상하다고 여기지 않는 사람들도 있다. 고래는 조상들이 가지고 있던 허파를 그대로 물려받았고, 물방개는 조상들이 지녔던 기관을 물려받았다. 육지에서 물속으로 생활 환경은 바뀌었어도 이 둘은 호흡기관을 바꾸지 않았다. 그뿐이다.

그런데 우리들의 조상은 어떠한가? 그들은 물속에서 살았고 아가미를 사용해서 물속에서 호흡을 했다. 그렇다면 육지에서도 아가미를 계속 사용하면 되지 않을까? 이따금씩 연못이나 수영장에 가서 물속으로 얼굴을 집어넣고 호흡하면 되지 않을까?

그러나 그런 동물은 존재하지 않는다. 그렇다면 물속에서 허파를 가지고 있는 데에는 육지에서 아가미를 가지고 있는 것과는 달리 무엇인가 장점이 있음이 틀림없다. 그래서 그런 동물이 진화한 것이다.

잡은 물고기가 이내 죽는 이유

앞의 장에서 심장에 대해서 설명했다. 우리는 높은 압력으로 심장에서 온몸으로 혈액을 내보내야 한다. 한편 허파로는 낮은 압력으로 내보내야 한다. 따라서 우리 포유류의 심장은 구조가 복잡하다. 그러나 물고기의 심장은 그렇게 복잡하지 않다.

현재 많은 물고기는 '경골어류'라는 부류에 속한다(상어나 가오리 등은 온몸의 골격이 연골로 되어 있는 '연골어류'이다). 금붕어나 잉어 역시 경골어류이다. 우리 포유류의 심장은 이심방 이심실이지만 경골어류의 심장은 일심방 일심실이다.

경골어류의 심장에서 나온 혈액은 우선 아가미를 통과한 후에 온몸을 돌아서 심장으로 돌아온다. 이렇게 혈액이 심장에서 나와 다시 심장으로 돌아오는 것을 '순환'이라고 한다. 포유류의 순환 에는 허파를 지나가는 허파순환과, 온몸을 돌아가는 체순환 두 가지가 있는데, 경골어류의 순환은 그 경로가 한 가지밖에 없는 단일 순환이다.

포유류의 허파 안에는 공기가 들어 있다. 그래서 압력이 낮다. 그런 허파의 혈관에 높은 압력으로 혈액을 흘려보내면 혈액이 혈 관에서 허파 안으로 흘러든다. 그래서 체순환과는 별개로 낮은 압력으로 혈액을 순환시키는 허파순환이 필요하다. 그러나 경골 어류의 아가미는 안팎이 다 물이다. 그래서 허파와는 달리, 딱히 혈액을 낮은 압력으로 흘려보낼 필요가 없다. 그렇기 때문에 단 일 순환으로도 충분하다.

그러나 그렇게 하면 또다른 문제가 발생한다. 심장에서 나온 혈액은 일단 아가미로 향한다. 거기에서 혈액으로 산소가 공급되 고, 산소가 풍부해진 혈액이 온몸을 돌아서 몸속의 세포에 산소 를 배달한다. 그리고 산소가 부족한 혈액이 심장으로 돌아온다. 즉 심장은 아무리 애를 써도 혈액으로부터 충분한 산소를 받지 못한다.

경골어가 활발하게 움직이면 사태는 더욱 심각해진다. 활발하게 움직이면 몸의 세포가 산소를 많이 소모하고, 그 결과 심장으로 돌아오는 혈액 속의 산소는 점점 줄고 만다. 격렬하게 움직이면 움직일수록 심장에는 산소가 많이 필요한데, 심하게 움직이면 움직일수록 심장으로 보내지는 산소는 줄어드는 것이다.

이와 같은 구조는 경골어류의 활동을 상당히 제한하는 결과를 초래한다. 낚아 올린 물고기가 격렬하게 날뛰면 바로 죽는 이유는 바로 이 때문이다.

잘라서 잇기는 어렵다

그렇다면 이런 결점을 보완하려면 어떻게 해야 할까? 당장 떠오르는 것은 혈관을 잇는 방식을 바꾸는 것이다. 예를 들면 심장의 앞뒤 혈관을 잘라서 다시 이으면 된다. 그러면 아가미를 통해서 산소를 한껏 품은 혈액이 일단 심장으로 들어간다. 그런 뒤에 온몸의 세포로 흘러가면 된다. 이 경우 심장에 산소가 부족해서 생명이 위험해지는 일은 훨씬 줄어든다. 그러나 유감스럽게도 이것은 불가능하다.

잠시 다른 예를 들어보기로 하자. 우리의 몸에는 목의 근육을 움직이기 위해서 '미주 신경'이라는 신경이 뇌에서부터 뻗어 있다. 이 미주 신경 중 한 가닥은 심장 가까이에 있는 혈관 아래쪽

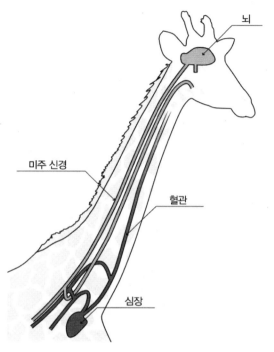

그림 2-1 기린의 미주 신경. 약 6미터나 멀리 돌아온다
(『진화의 교과서[進化の教科書]』 제3권을 변형).

을 통과한다. 이는 인간에게는 그다지 문제될 것이 없지만 기린
의 경우에는 상당히 이상해졌다.

　기린의 미주 신경도 심장 가까이에 있는 혈관 아래를 통과한다.
이 혈관은 기린의 목이 길어진 것과는 상관없이 심장과 가까운
곳에 계속 머물렀다. 한편 미주 신경도 변함없이 뇌와 목을 연결

했다. 기린의 목이 길어질수록 뇌와 목은 점점 심장으로부터 멀어져간다. 그러나 미주 신경은 심장 가까이의 혈관 아래를 통과한다.

그렇기 때문에 미주 신경은 뇌에서 출발해서 긴 목을 지나 심장 가까이까지 내려가서 혈관 아래를 빙 돌아, 거기에서 다시 긴 목을 타고 올라가 목구멍까지 도달해야 한다. 기린의 뇌와 목구멍은 30센티미터 정도밖에 떨어져 있지 않은데 미주 신경은 약 6미터나 멀리 돌아오는 꼴이 되고 말았다.

왜 이런 일이 벌어진 것일까? 미주 신경을 딱 잘라서 혈관 아래에서 위로 옮기고 거기에서 다시 이으면 될 텐데……. 그러나 진화는 그렇게 이루어지지 않는다. 진화는 원래부터 가지고 있던 구조를 바꾸는 것밖에 할 수 없다. 잘라서 잇거나 분해한 후에 조립하거나 하는 일은 불가능하다. 그렇다면 경골어류가 산소 부족 상태를 개선하려면 어떻게 하면 좋을까?

물고기의 혈액순환은 효율적이지 않다

경골어류도 당연히 먹이를 섭취하고 먹은 것은 소화기관에서 소화하여 흡수한다. 소화기관의 벽에는 소화한 먹이로부터 영양을 흡수하기 위한 혈관이 지나간다. 혈관이 지나가기 때문에 산소를 흡수하는 구조로도 쉽게 진화할 수 있다고 생각할 수 있다. 만일 소화기관 안에 산소가 들어오면 혈관이 그것을 흡수할 수 있기 때문이다. 따라서 실제로 소화기관의 일부가 부풀어서 산소를 흡수하는 기관이 된 것이 있다. 바로 허파이다.

그렇다면 경골어류의 허파는 심장이나 아가미와 어떻게 연계되어 있을까? 앞에서도 말한 것처럼 경골어류는 우선 혈액을 심장에서부터 아가미로 보낸다. 여기에서 혈액에 산소가 들어오고 이산화탄소가 배출된다. 그후 아가미에서 나온 혈액은 두 갈래로 나뉘어 한쪽은 온몸의 세포로 향하고, 다른 한쪽은 허파로 향한다. 허파로 간 혈액은 또 산소를 받아들이고 이산화탄소를 배출한다. 이렇게 산소가 잔뜩 든 혈액은 어디로 가게 될까?

일반적으로 생각하면 심장으로 가는 것이 좋을 듯하다. 경골어류의 심장에는 온몸의 세포를 돌아서 산소가 부족해진 혈액밖에 들어오지 않고, 그래서 늘 산소가 결핍된 상태라고 설명했다. 그 심장에 허파에서 막 나온 산소가 잔뜩 든 혈액이 들어오면 더 이상 산소는 결핍되지 않는다. 이것으로 경골어류의 고민도 해결될 것 같지만 그렇지 않다.

경골어류의 허파에서 온 혈액은 심장으로 돌아가기 전에 온몸의 세포에서 돌아온 혈액과 합류한다. 온몸을 돌아온 혈액에는 산소가 적기 때문에, 허파에서 온 혈액은 모처럼 산소를 가득 품고 있어도 온몸을 돌아온 혈액 때문에 희석된다. 그 상태로 심장으로 돌아오는 것이다.

이것은 효율적이지 않은 시스템이다. 허파에서 온 혈액을 직접

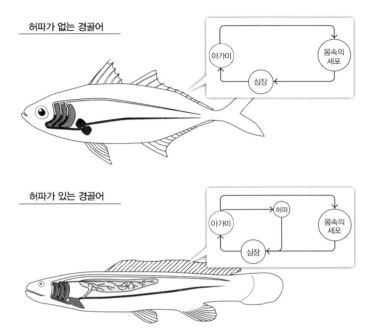

그림 2-2 경골어류의 혈액순환. 위는 허파가 없는 경골어,
아래는 허파가 있는 경골어(Collen Farmer 1997에서 수정).

심장으로 보내면 산소를 많이 보낼 수 있을 것이다. 물론 희석되
었다고는 해도 허파에서 흡수한 산소를 심장으로 보낼 수는 있으
므로 최악의 상태는 피할 수 있었다. 금붕어나 잉어가 허파를 가
지고 공기를 마시고 있었던 데에는 이런 의미가 있었다고 볼 수
있다.

수중 생활의 어려움

사실 물고기의 허파가 진화한 이유에 대해서는 다른 의견도 있다. 물속에는 산소가 적기 때문에 공기 중의 산소도 최대한 받아들이는 편이 유리하다는 것이다.

물속의 산소량은(온도 등에 따라서도 달라지지만) 공기 중 산소량의 약 30분의 1정도이다. 게다가 물의 무게는 공기의 약 1,000배이다. 또한 물속에서 산소가 자연스럽게 퍼져가는 속도(확산 속도)는 공기 중의 약 50분의 1이다. 따라서 어류는 매일 우리는 경험해보지 못한 고생을 하는 셈이다.

그 고생의 한 가지는 호흡하기 위해서 많은 에너지를 사용해서 무거운 물을 움직여야 하는 것이다. 또 한 가지는 물속에는 산소가 충분히 퍼지지 않아 산소가 결핍된 곳이 꽤 있으므로 그런 곳을 피해 다녀야 한다는 것이다.

우리는 텔레비전이나 라디오 등의 방송에서 일기예보나 미세먼지 정보를 보고 우산을 들고 나갈지, 마스크를 쓰고 나갈지를 결정한다. 만일 해저 세계에도 텔레비전이 있다면 물고기들은 그날의 산소 정보를 확인하고 외출할지도 모른다. "오늘 ××강 하류는 산소가 적을 것으로 예상됩니다. ○○강 늪지대의 바닥은 산소가 없으므로 대단히 위험합니다." 이런 정보는 물고기들에게 큰 도움이 될 것이다.

경골어류의 허파는 이처럼 산소가 적은 물속에서 도움이 될 것임이 분명하다. 왜냐하면 썰물 때처럼 산소가 부족하기 쉬운 환경에서 사는 경골어류 가운데 허파 이외에도 공기 호흡을 할 수 있는 구조를 독자적으로 진화시킨 종이 있기 때문이다. 말뚝망둥어나 메기류 중에는 아가미의 일부를 통해서 공기 호흡을 하는 종들이 있다. 역시 산소가 적은 환경에서는 공기 호흡도 할 수 있는 편이 유리하다.

다만 현재의 허파가 산소가 적은 환경에서 도움이 된다고 해서 처음 허파가 진화했을 때에도 그러했던 것은 아니다. 같은 허파라고 해도 역할은 바뀌었을 수 있다.

예를 들면 현재 조류의 날개는 하늘을 나는 데에 도움이 된다. 그러나 조류의 조상('공룡'이라고 부르지만)이 가지고 있던 날개는 적어도 나는 데에 도움이 되지 않았다. 이때의 날개는 아마 체온을 조절하거나 수컷이 암컷에게 과시를 할 때에 쓰였을 것으로 추측된다.

허파도 한 가지에만 도움이 되지는 않았을 것이다. 틀림없이 여러모로 쓸모가 있었을 것이다. 실제로 다음의 두 가지 증거를 맞추어서 생각해보면 아무래도 초창기의 허파는 산소가 적은 환경에서 도움이 되지 않았던 듯하다.

첫 번째 증거는 화석이다. 경골어류는 육기류(肉鰭類 : 지느러미가 육질 덩어리/옮긴이)와 조기류(條鰭類 : 지느러미가 부챗살 줄기 구조/옮긴이)라는 두 가지로 분류할 수 있다. 육기류에는 실러캔스와 폐어(肺魚)가 있고, 그밖의 많은 경골어는 조기류에 속한다. 육기류와 조기류의 공통 조상은 아마 실루리아기(약 4억 4,400만~4억1,900만 년 전)에 살았을 것이다. 화석으로 보건대 이 공통 조상은 먼 바다에 살고 있었을 가능성이 높다. 그곳은 산소가 부족하지 않은 환경이다. 그후 육기류와 조기류로 나뉘고 육기류의 일부가 실루리아기의 다음 시대인 데본기(약 4억1,900만~3억5,900만 년 전)에 육지로 올라왔다.

두 번째 증거는 현존하는 물고기이다. 현존 육기류의 허파와, 현존 조기류 중에서 원시적인 형태가 남아 있는 것으로 간주되는 폴립테루스의 허파는 모양이 비슷하다. 이는 양쪽의 공통 조상이 이미 허파를 가지고 있었다는 사실을 증명한다. 이것이 사실이라면, 첫 번째 증거와 종합해볼 때에 다음과 같은 결론을 얻을 수 있다.

실루리아기에 먼 바다에 살고 있던 육기류와 조기류의 공통 조상에게는 이미 허파가 있었다. 그러나 그 허파는 산소가 부족한 환경에서 살아가기 위한 것이 아니었다. 그렇다면 초기의 허파는 심장에 산소를 보내는 데에, 즉 활발하게 활동하는 데에 도움이 되었을 가능성이 높다.

진화의 릴레이

정답이 어느 쪽이든 경골어는 허파 덕분에 산소가 풍부한 혈액을 심장으로 보낼 수 있게 되었다. 그러나 과연 그것만으로 허파가 진화할까?

물론 허파가 단번에 완성되면 편하다. 그러나 대충 만들어진 허파라면 어떨까? 도움이 될까? 만약 도움이 되지 않는다면, 그 어중간한 허파에는 자연선택이 일어나지 않는다. 진화도 시작되지 않는다. 즉 허파는 진화하지 않게 된다. 이런 설명을 들으면 허파가 진화하지 않는다는 것도 말이 되는 듯하다. 그러나 실제로 허파는 진화하고 있다. 왜 그럴까?

그 이유는 여러 가지로 쓸모가 있기 때문이다. 앞에서도 말했지만 소화기관의 벽에는 음식물에서 영양분을 흡수하기 위한 혈관이 지나간다. 그러므로 음식물 대신에 산소를 마시면 조금이라도 산소가 혈액에 흡수된다. 호흡으로 충분한 양의 산소를 흡수하는 것은 어렵기는 하지만, 산소를 전혀 흡수하지 않는 소화기관은 없다. 즉 원래 소화기관에는 영양분의 흡수 이외에 산소를 흡수하는 기능도 있었던 것이다.

심장으로 공급되는 산소가 부족했기 때문에, 경골어 사이에서는 이 소화기관의 산소 흡수 능력이 도움이 되기 시작했다. 예를 들면 아주 조금일지라도 소화기관을 통해서 더 많은 산소를 흡수할 수 있는 개체가 증가하기 시작했다. 즉 소화기관의 일부가 커진 개체가 자연선택을 통해서 늘어나기 시작했다. 이 단계에 이르면 진화는 착실히 진행된다. 그렇게 허파가 진화한 것이다.

그런데 물과 경골어를 같은 부피로 놓고 비교하면 물보다 경골어가 조금 더 무겁다. 즉 물보다 경골어가 비중(比重)이 높다. 그렇기 때문에 경골어는 아무것도 하지 않으면 물속에 가라앉고 만다. 이런 경골어에게 허파가 생겨서 공기를 흡수할 수 있게 된다면 어떻게 될까? 경골어가 공기를 들이마시면 경골어의 비중은 아무래도 낮아진다. 그러다가 점점 물의 비중과 가까워져서 아무것도 하지 않아도 가라앉지 않게 된다. 그 결과, 물속에서 자세를 취하기가 수월해지고 헤엄치는 것도 잘할 수 있게 된다. 그런 다음에 진화는 한층 더 박차를 가한다. 그후에 부레가 진화했을 것이다.

이처럼 진화는 꼭 릴레이 같다. '소화'라는 선수가 소화기관이라는 바통을 쥐고 달린다. 그리고 '공기 호흡'이라는 선수에게 바통을 넘겨준다. 공기 호흡 선수에게 전해진 바통은 점점 소화기관에서 허파로 변화해간다. 그리고 다음은 '저비중'이라는 선수에게 바통이 넘어간다. 저비중 선수에게 건네진 바통은 점점 허파에서 부레로 변화해간다.

물론 소화 선수 앞에도 많은 선수들이 있었을 것이다. 그리고 장차 저비중 선수 뒤에도 많은 선수가 나타날 것이다. 즉, 허파를 예로 들어 말하자면, 허파는 처음부터 허파가 되기 위해서 진화를 시작하지는 않았다.

나아가 바통은 이리저리 분산되기도 한다. 소화의 바통은 공기호흡에게만 전달된 것이 아니다. 소화효소에게도 전달되었고, 해독에게도 전달되었다. 소화효소에게 전달된 바통은 소화기관에서 이자(췌장)로 변화했다. 해독에게 전달된 바통은 소화기관에서 간으로 변화했다.

더구나 여러 선수에게 바통을 건네준 소화도 여전히 계속해서 달리고 있다. 계속해서 달리기 때문에 가지고 있는 바통도 점점 변한다. 예를 들면 오랜 옛날 인류는 초식동물이었기 때문에 소화기관이 길었는데, 육식이 일반화되면서 소화기관이 짧아졌다. 그러므로 소화가 가지고 있는 바통도 긴 소화기관에서 짧은 소화기관으로 변화했다.

계속해서 달리는 한 바통은 계속 변화한다. 바통의 변화는 멈추지 않는다. 그러므로 진화에는 완성이 없다. 완성된 허파나 완성된 눈 따위는 존재하지 않는다. 형태가 계속 변하고 역할도 변해서, 과거에서 미래로 이어지는 것이 진화이다. 달리기를 멈춘다면 그것은 오로지 그 종이 멸종했을 때뿐이다.

포유류는 그늘에 가려진 생물이었다

우리의 허파도 그런 바통 중의 하나이다. 허파는 무게 1킬로그램 정도의 장기로, 오른허파와 왼허파로 나뉘어 있다. 목에서 공기가 지나는 기관이 내려와서 오른허파와 왼허파 사이에서 좌우로 갈라진다. 갈라진 기관은 '기관지'라고 불린다. 기관지는 여기서 다시 한번 갈라져 허파 속으로 들어간다.

기관지는 허파 속에서 갈라지기를 반복하다가 그 끝은 직경 0.2밀리미터 정도의 '허파꽈리(폐포)'라는 얇은 주머니로 되어 있다. 허파꽈리의 바로 바깥에는 모세혈관이 밀착되어 있는데, 이 모세혈관이 산소, 이산화탄소를 허파꽈리 안의 공기와 교환한다. 참고로 허파꽈리는 수억 개에 이른다고 한다.

이처럼 우리의 허파는 매우 잘 만들어진 호흡기관이다. 그러나 주변을 살펴보면 더 훌륭한 호흡기관도 있다. 조류의 호흡기관이 좋은 예이다.

조류의 호흡기관에는 허파 이외에도 '기낭(air-sac)'이라는 투명한 주머니가 있다. 기낭은 줄어들었다가 부풀기를 반복하면서 허파로 공기를 보내는 역할을 한다. 사실 기낭 자체에는 수축하거나 팽창하는 힘이 없기 때문에, 근육을 사용해서 가슴의 공간(흉강)의 부피를 변화시킴으로써 수동적으로 수축하거나 팽창한다.

기낭은 허파 주변에 몇 개 있지만 크게 전기낭과 후기낭으로 나뉜다. 공기는 "바깥 → 후기낭 → 폐 → 전기낭 → 바깥"으로 흘러간다. 우선 양쪽 기낭이 부풀면(새가 숨을 들이마시면) 바깥에서 후기낭으로 공기가 들어옴과 동시에 허파에서 전기낭으로 공기가 들어온다.

그런 다음 양쪽 기낭이 수축되면(새가 숨을 내뱉으면) 후기낭에서 허파로 공기가 밀려나감과 동시에 전기낭에서 밖으로 공기가 밀려나간다.

이를 반복함으로써 허파에서는 공기가 늘 한 방향으로 흐른다. 신선한 공기가 허파 속을 계속 흐르게 되어 있는 것이다. 한편 우리 포유류는 기관이라는 동일한 관을 사용해서, 공기를 들이마시고 내뱉는다. 공기가 역방향으로 흐르기 때문에 호흡기관으로서 효율성은 별로 좋지 않다.

그런데 조류는 이와 같은 훌륭한 호흡기관을 가지고 있기 때문에 다른 동물은 살 수 없는 공기가 희박한 곳에서도 서식할 수가 있다. 철새 중에는 히말라야 산맥을 넘어서 이동하는 새도 있는데, 공기가 희박한 상공을 날 수 있는 것도 이와 같은 우수한 호흡기관의 덕분이다. 조류는 공룡의 자손이기 때문에 공룡도 이런 우수한 호흡기관을 가지고 있었을 가능성이 있다. 적어도 조류의 직계 조상이 된 일부 공룡은 이런 호흡기관을 가지고 있었을 것이다.

포유류와 공룡은 중생대 초기, 대체로 비슷한 시기에 출현했다. 그럼에도 공룡이 훨씬 더 번성했다. 포유류는 중생대를 통틀어 그늘에 가려진 생물이었다고 할 수 있다. 그 이유 중의 하나가 이 호흡기의 성능의 차이에 있었을 수도 있다. 같은 활동을 해도 포유류보다 공룡이 더 숨이 길었을지도 모른다.

우리 인간은 현재 지구에서 한창 번성하고 있다는 이유만으로 무의식 중에 인류가 다른 생물보다 모든 측면에서 우세하다고 착각하기 쉽다. 공룡 따위는 등치만 컸지 어리석은 생물이라고 생각했던 적도 있었다. 그러나 그러한 태도는 공룡에게 실례가 아닐까?

제 3 장

콩팥, 소변과 '존재의 대사슬'

존재의 대사슬

이 세상에는 다양한 것들이 존재한다. 살아 있는 것도 많고 살아 있지 않은 것도 많다. 이와 같은 세상의 다양성을 설명하기 위해서 중세 유럽의 스콜라 철학자들은 '존재의 대사슬(great chain of being)'을 생각해냈다.

'존재의 대사슬'이란 세상의 다양성을 돌멩이에서부터 생물, 그리고 신에 이르는 계급제도로 대체하는 것이다. 인간은 생물 중에서는 가장 위에 있고, 천사 밑에 위치한다고 생각되었다. 그러나 19세기가 되면 존재의 대사슬 이론의 권위가 흔들리기 시작한다. 생물의 다양성을 설명하는 다른 사고방식이 확산되었기 때문이다.

라마르크의 초상화

바로 생물이 진화한다는 생각이었다. 프랑스의 장 바티스트 라
마르크(1744-1829)는 진화론자라는 이유로 사회로부터 엄청난
냉대를 받았는데, 19세기 중반이 되면서 대학의 연구자들 중에서
도 하나둘씩 진화론을 지지하는 사람들이 생겼다. 그런 상황에서
1859년에 그 유명한 찰스 다윈(1809-1882)의 『종의 기원(*On the
Origin of Species*)』이 출간되었다.

『종의 기원』이 출간된 시점에는 진화라는 사고방식을 몰랐던

대학교 연구자가 거의 없었을 것이다. 진화를 지지할지 말지는 둘째 치더라도 진화라는 사고방식은 이미 일반적인 것이 되어 있었다.

심지어는 고명한 기독교 신자들 중에서도 『종의 기원』을 지지하는 사람이 등장했다. 다윈에게는 매우 고무적인 일이었다. 물론 『종의 기원』이 출간된 이후에도 진화론에 반대하는 사람은 많았다. 그래도 다윈은 라마르크만큼은 고생스럽지 않았을 것이다. 이미 시대의 흐름이 진화론을 인정하는 쪽으로 한걸음씩 바뀌기 시작했던 것이다.

그로부터 이미 160년 이상이 지났다. 진화론은 이제 (모두에게는 아닐지라도) 사회에서 널리 인정받고 있고, '존재의 대사슬'로 생물의 다양성을 논하는 사람은 없어졌다. 그럼에도 '존재의 대사슬'은 사람들의 가슴 속에 여전히 살아 있다. 그리고 그 이유 중 하나는 진화를 소개하는 방법에 있는 것 같다.

문제는 질소를 버리는 방법

콩팥은 혈액 속의 노폐물을 걸러주는 장기로, 노폐물은 소변으로 배출된다. 소변의 약 98퍼센트는 물이지만 나머지 2퍼센트는 요소(urea)이다. 물을 그렇다 치고, 왜 그렇게 많은 요소가 우리 몸 속에 생길까?

우리는 유기물을 먹고, 그것을 분해해서 에너지를 얻기도 하고 몸을 만드는 재료로 삼기도 한다. 몸의 재료가 된 유기물의 수명은 다양하지만, 수명이 다하면 분해된다. 즉, 우리 몸속에서는 늘 유기물이 분해되고 있다. 이 분해된 유기물을 우리는 몸 밖으로 배출해야 한다.

우리가 먹는 유기물의 대부분은 당과 지방, 그리고 단백질인데, 당이나 지방이 분해되면 주로 이산화탄소와 물이 발생한다. 이산화탄소나 물은 독성이 없기 때문에 버릴 때에 별 문제가 없지만, 단백질에는 반드시 질소가 포함되어 있다. 질소를 포함한 화합물 중에서 가장 단순한 것이 암모니아이다. 그러므로 질소를 암모니아 형태로 만들어서 버리면 될 것 같다. 그러나 그러기에는 문제가 있다. 암모니아는 독성이 강하기 때문이다.

사실 물고기의 대부분을 차지하는 경골어류는 질소를 암모니아로 만들어 몸 밖으로 버린다. 암모니아는 독성이 강하지만 물에 매우 쉽게 녹기 때문이다. 그렇기 때문에 물이 많은 곳에서 살면 별로 문제될 것이 없다. 암모니아를 대량의 물에 녹여서 농도를 옅게 만들면 독성도 덩달아 낮아진다. 경골어류는 주위에서 물을 끌어들여 암모니아를 대량의 물에 녹인 다음 주로 아가미로 배출한다.

그러나 육지에서 생활하는 동물은 그럴 수 없다. 육지 동물은 언제든지 원하는 만큼의 물을 손에 넣을 수 없기 때문에 어떤 형태로든 얼마간은 몸속에 질소를 저장해야 한다. 그럴 경우 독성이 강한 암모니아로는 저장하기가 곤란하다. 그래서 개구리 같은 양서류나 포유류는 질소를 암모니아가 아닌 요소로 만들어서 버린다. 요소는 암모니아보다 훨씬 독성이 약하기 때문이다(참고로 개구리의 유생인 올챙이는 물속에서 살기 때문에 암모니아를 배출한다).

인간이나 개구리의 간은 오르니틴 회로(ornithine cycle)라고 불리는 복수의 화학 반응을 통해서 암모니아를 요소로 만들고 있다. 이 오르니틴 회로로 암모니아와 이산화탄소를 반응시켜서 독성이 약한 요소로 만드는 것이다.

독성이 약한 것은 고마운 일이지만, 요소의 단점은 암모니아보다 물에 잘 녹지 않는다는 점이다. 요소를 배출하려면 아무래도 물에 녹여야 하는데, 이렇게 물에 잘 녹지 않는 요소를 녹여야 하므로 당연히 대량의 물이 필요하다. 이를 위해서 우리는 매일 물을 많이 마셔서 대량의 소변으로 요소를 버리고 있다.

결국 육지로 올라와서 살다 보니 물을 마음껏 쓸 수 없어서 질소를 버리는 방식을 독성이 강한 암모니아에서 독성이 약한 요소로 바꾸었는데, 그 때문에 대량의 물을 마셔야 한다니 참으로 역설적인 이야기이다. 그러나 다른 뾰족한 수가 없다. 물을 많이 마셔야 한다는 번거로움이 몸속에 독성이 강한 암모니아를 쌓아두는 폐해보다는 낫지 않겠는가?

그런데 물을 얼마든지 사용할 수 있는 경골어류에게도 독성이 강한 것보다는 약한 것이 당연히 좋을 것이다. 실제로 일부 경골어류도 암모니아를 요소로 바꿔서 배출하고 있다. 많은 경골어류가 암모니아를 그대로 배출하고 있는 것은 그래도 어떻게든 살아갈 수 있기 때문이다. 물속에 살아서 물을 마음껏 쓸 수 있다는 것은 역시 큰 장점이 아닐 수 없다.

달걀 속 요소의 농도가 짙어진다

요약하면 암모니아는 독성이 강해서 저장하기가 곤란하지만, 요소 또한 배출을 하기 위해서는 대량의 물이 필요하다는 단점이 있다. 암모니아도 요소도 다루기가 쉽지는 않다. 육지에 사는 동물에게 질소를 배출하는 방법은 골치 아픈 문제가 아닐 수 없다. 무엇인가 좋은 방법이 없을까?

"그래, 좋은 방법이 있어. 물을 많이 쓰면 아까우니까 요소를 버리지 말자. 어차피 요소의 독성 따위 별것도 아니고, 몸속에 쌓아둬도 별 걱정 없잖아." 그러나 유감스럽게도 이 또한 좋은 생각은 아닌 것 같다.

달걀을 생각해보자. 달걀 안에 있는 초기의 태아를 배아(胚芽)라고 하는데, 배아는 달걀 속에서 살고 있기 때문에 배아 역시 닭과 마찬가지로 어떤 형태로든 질소를 배출해야 한다.

만일 질소를 암모니아로 만들면 달걀 안에 유독한 암모니아의 농도가 짙어져서 배아는 죽고 만다. 그렇다고 질소를 요소로 만들면 달걀 속에서 요소의 농도가 짙어진다. 물론 요소의 독성은 별것 아니지만, 요소의 농도가 짙어지면 다른 것도 높아진다. 바로 삼투압이다.

삼투압은 어려운 개념이지만, 간단히 말해서 "삼투압이 높다"는 것은 "짜다(농도가 짙다)"는 뜻이라고 설명할 수 있다. 조금 불쌍한 예시지만 가령 달팽이에게 소금을 뿌리면 달팽이의 몸이 쪼그라드는데, 이는 달팽이의 몸 안쪽보다 몸 바깥쪽의 농도가 더 짙기 때문이다. 달팽이의 몸 안에서 바깥으로 수분이 이동하면서 달팽이가 쪼그라드는 것이다. 같은 원리로 물은 삼투압이 낮은 곳에서 높은 곳으로 이동한다.

달걀 속에 요소가 쌓이기 시작하면 달걀 속의 삼투압이 높아진다. 그러므로 달걀 속 "요소의 농도가 짙어지고" 배아 주변의 액체에 요소가 많아진다. 앞의 달팽이 예시에 빗댄다면 소금의 역할을 요소가 하는 것이다. 이렇게 되면 배아 속의 수분이 밖으로 빠져나가기 때문에 배아는 살 수 없다.

즉 달걀 속에서는 질소를 버리는 데에 암모니아도 요소도 사용할 수 없다. 그렇다면 닭은 어떻게 질소를 버리고 있을까?

가장 우수한 것은 요산

결론부터 말하자면 닭은 질소를 요산(uric acid)으로 바꿔서 배출한다. 요산은 요소보다 독성이 없고 물에도 잘 녹지 않는다. 아니, 거의 물에 녹지 않는다. 그렇기 때문에 버리는 요소를 요산으로 만들면 달걀 속 액체의 삼투압이 높아지지 않는다. 이렇게 하면 암모니아처럼 독성을 고민할 필요도 없고, 요소처럼 삼투압을 걱정할 필요도 없다. 그러므로 요산은 질소를 버리기 위한 화합물로서 가장 우수하다.

닭을 키워본 사람은 본 적이 있겠지만, 닭의 대변에는 검거나 갈색인 부분과 희고 끈적한 부분이 있다. 검거나 갈색인 부분은 대변이지만 흰 부분은 소변이다. 닭의 소변에는 흰 요산이 소량의 물과 섞여 있다. 즉 닭은 질소를 배출하는 데에 물을 조금밖에 쓰지 않는다. 닭이 개처럼 소변을 시원하게 쏟아내는 모습을 본 사람은 아마 없을 것이다.

이 점은 파충류도 마찬가지이다. 조류나 파충류는 질소를 요산으로 만들어 배출하기 때문에 많은 물을 쓰지 않는다. 물에 거의 녹지 않는 요산을 소량의 물과 섞어서 끈적한 상태로 배출하면 되기 때문이다. 따라서 소변의 양이 매우 적고, 체내에 쌓아둘 필요가 없다. 그래서 조류나 파충류의 대다수는 아예 방광이 없다 (참고로 거북이나 도마뱀 중에는 방광이 있는 것도 있다).

한편 포유류나 개구리에게는 방광이 있어서 많은 물과 함께 요소를 버린다. 당연히 파충류나 조류보다 물을 많이 쓴다. 인간이나 개구리가 조류나 파충류만큼 육지 생활에 잘 적응하지 못했다는 증거이다.

삼투압은 높아지는 것도 위험하지만 낮아지는 것도 좋지 않다. 인간은 0.9퍼센트의 식염수를 몇 잔이나 마셔도 2-3시간 동안 소변의 양이 별로 늘지 않는다. 그러나 평범한 물을 몇 잔 마시면 2-3시간 사이에 소변이 늘어서 애써 마신 물의 상당량이 몸 밖으로 배출된다. 이것은 삼투압과 관련이 있다.

0.9퍼센트의 식염수의 삼투압은 혈액과 거의 같다. 따라서 0.9퍼센트의 식염수를 마셔도 혈액의 삼투압은 변하지 않는다. 그러나 물을 마시면 혈액이 희석되어 삼투압이 낮아진다. 그러면 혈액의 삼투압을 높이기 위해서 콩팥이 소변을 많이 만들어 몸 밖으로 배출한다. 그렇게 혈액의 농도를 짙게 하여 삼투압을 높이려고 하는 것이다.

도마뱀과 인간 중 누가 더 우수할까?

먼 옛날 우리의 조상은 바다에서 살았다. 그러다가 데본기에 육지로 올라왔다. 물론 육지에서 살기 위해서는 몸의 여러 부분을 변화시켜야 했다.

그림 3-1에서 계통수 ①은 척추동물 중에서 6종(어류인 잉어, 양서류인 개구리, 파충류인 도마뱀, 조류인 닭, 포유류인 개와 인간)을 선택해서 그들의 진화 경로를 나타낸 것이다. 또한 이 그림은 육지 생활에 적응하는 세 가지 진화적 변화를 보여준다.

공통 조상 A는 아직 물에서 살았기 때문에 질소를 암모니아로 만들어서 버렸다. 그후 공통 조상 A의 자손은 두 갈래로 나뉘었다. 하나는 잉어로 이어지는 계통이고, 다른 하나는 우리 인간으로 이어지는 계통이다. 잉어로 이어지는 계통에서는 암모니아를 계속 사용했지만, 인간으로 이어지는 계통에서는 변화가 일어났다. 질소를 암모니아가 아닌 요소로 만들어서 버리게 된 것이다. 아마 이 암모니아에서 요소로의 진화가 일어난 후에 어류의 일부가 육지로 올라왔을 것이다.

그후 육지로 올라와서 요소를 사용하게 된 계통의 자손이 다시 두 갈래로 갈라졌다. 하나는 개구리로 이어지는 계통이고, 또 다른 하나는 인간으로 이어지는 계통이다. 그리고 인간으로 이어지는 계통에서 진화가 일어났다. 양막란(amniote egg)을 만들게 된 것이다.

양막란은 물가를 떠나서도 살아갈 수 있도록 고안된 알이다. 양서류는 물가를 벗어나서 생활할 수 없다. 알이 부드러운 데다가 바로 건조되기 때문이다. 따라서 대부분의 개구리는 물속에 알을 낳는다. 물가를 벗어나 생활하기 위해서는, 즉 육지 생활에

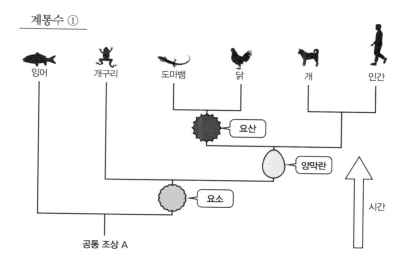

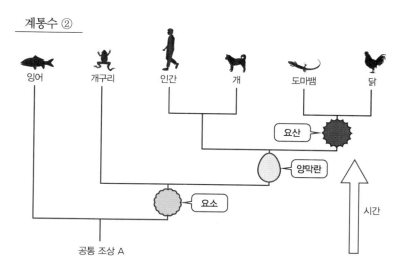

그림 3-1 진화 과정을 나타낸 계통수

더 적응하기 위해서는 알이 건조해지지 않도록 연구를 해야 한다.

그래서 진화된 알이 양막란이다. 간단히 말하면 양막으로 만든 주머니 안에 물을 넣고, 그 안에 배아(생성 초기의 새끼)를 넣은 알이다. 주머니 속의 물에 새끼를 낳으면 새끼가 건조해지지 않는다. 게다가 알 겉면에 껍데기를 만들면 건조를 막을 수 있다. 이 초기의 양막류에서 파충류나 포유류가 진화했다(혼돈하기 쉬운데 파충류에서 포유류가 진화한 것이 아니다). 한걸음 더 나아가 파충류의 일부에서 조류가 진화했다.

그후 파충류나 조류에 이르는 계통에서는 육지 생활에 더 적합한 특징이 진화했다. 질소를 요소가 아닌 요산으로 만들어서 버릴 수 있게 된 것이다.

결국 양서류보다는 포유류가 육지 생활에 잘 적응하고 있지만, 포유류보다는 파충류와 조류가 육지 생활에 더 잘 적응하고 있다는 이야기이다.

인간은 진화의 최후의 종이 아니다

그림 3-1의 계통수 ①과 계통수 ②는 같은 계통 관계를 나타내고 있다. 그러나 얼핏 보기에는 많이 달라 보인다. 우리는 계통수 ①과 같은 그림을 자주 보는데, 이는 마치 인간이 진화의 맨 마지막에 나타난 종이자 가장 우수한 생물 같은 인상을 준다.

그러나 육지 생활에 적응하는 차원에서는 계통수 ②가 더 이해하기 쉽다. 도마뱀이나 닭이 인간보다 육지 생활에 더 잘 적응했다는 사실을 한눈에 알 수 있기 때문이다. 계통수 ②를 보면 닭이 진화의 맨 마지막에 나타난 종이며 가장 우수한 생물인 듯한 느낌이 든다.

물론 진화의 최후에 나타난 종은 인간도 닭도 아니다. 잉어도, 개구리도, 인간이나 개, 도마뱀, 닭도 모두 현존하는 생물이다. 그러므로 모두 진화의 최후에 나타난 종이다. 잉어도, 개구리도, 인간이나 개, 도마뱀, 닭도 생명이 탄생한 지 거의 40억 년이라는 오랜 시간 동안 진화해온 생물이다.

분명 육지 생활에의 적응이라는 관점에서 보면, 이 계통수 안에서 가장 우수한 종은 도마뱀과 닭이다. 그러나 수중 생활에의 적응이라는 측면에서 보면 순서는 그 반대이다. 즉, 가장 우수한 종이 잉어이고, 가장 열등한 종이 도마뱀과 닭이다. 또한 달리기 속도의 측면에서는 개가 가장 우수하다.

당연한 이야기이지만, 생물의 순위는 무엇을 "우수하다"고 생각하는가에 따라서 바뀐다. 어떤 경우에도 우수한 생물은 없다. 객관적으로 우수한 생물이라는 것은 없다는 말이다. 이는 뇌가 큰 생물에도 해당된다.

예를 들면 뇌가 큰 생물은 공복에 약하다. 뇌는 대량의 에너지를 소모하는 기관이기 때문이다. 인간 뇌의 무게는 체중의 2퍼센트밖에 되지 않지만, 전체 에너지의 20-25퍼센트나 사용한다.

뇌가 클수록 에너지를 많이 쓰기 때문에 그만큼 많이 먹어야 한다. 만일 기근이 들어 농작물을 수확할 수 없거나 먹을 것이 없어지면 뇌가 큰 인간부터 죽을 것이다. 그러므로 식량 사정이 여의치 않을 때에는 뇌가 작은 편이 "우수하다."

어떤 조건하에서 "우수하다"는 것은 "다른 조건에서는 열세하다"는 뜻이다. 모든 조건에서 우수한 생물은 이론적으로 존재하지 않는다. 생물은 그때그때 환경에 적응하도록 진화하는 것이지, 무엇인가 절대적인 높은 곳을 향해서 진보하는 것이 아니다. 진화는 진보가 아니기 때문이다.

그러나 인간은 진화를 진보라고 생각하는 경향이 있다. 생물이 진화한다고 생각했던 사람은 다윈의 『종의 기원』이 출간되기 이전에도 많이 있었다. 라마르크도, 영국의 로버트 체임버스(1802-1871)도 허버트 스펜서(1820-1903)도 모두 『종의 기원』 이전부터 생물이 진화한다고 믿었다. 그리고 모두 진화를 진보라고 생각했다. '존재의 대사슬'은 인정하지 않더라도 아래에서부터 위로 이어지는 순서는 인정했다. 그들은 생물이 진화에 의해서 그 순서를 타고 올라간다고 믿었다.

다윈이 진화는 진보가 아니라고 선언한 지 벌써 160년 이상이 흘렀다. 그럼에도 '존재의 대사슬'은 사람들의 가슴 속에 아직 살아 있다. 그것은 인류를 특권층으로 보는 듯한 책들이 아직까지 많이 출간되는 것만 보아도 알 수 있다.

그 이유 중의 하나는 늘 계통수 끝에 인간을 가져다놓기 때문일지도 모른다. 그러나 그림 3-1의 계통수 ①과 계통수 ②처럼 생물의 순서를 바꾸어도 계통수가 나타내는 계통 관계는 변하지 않는다.

제 4 장

인간과 장내 세균의 미묘한 관계

앞뒤 구분 방법

기차가 달리고 있다. 달리는 기차를 보면 우리는 어느 쪽이 기차의 앞이고 어느 쪽이 뒤인지 알 수 있다. 앞으로 나아가는 쪽이 앞이고, 그 반대가 뒤이다. 그러나 기차가 멈추면 어떻게 될까? 멈춘 상태에서는 어느 쪽이 앞이고 어느 쪽이 뒤인지 알 수 없다. 앞뒤 모양이 같기 때문이다(전조등이나 미등이 켜져 있지 않다고 치자).

개가 달리고 있다. 달리는 개를 보면 우리는 어느 쪽이 개의 앞이고 어느 쪽이 뒤인지 알 수 있다. 앞으로 나아가는 쪽이 앞이고 그 반대가 뒤이다. 그러나 개가 멈추면 어떨까? 개가 멈춰 있어도 우리는 어느 쪽이 앞이고 어느 쪽이 뒤인지 알 수 있다. 앞

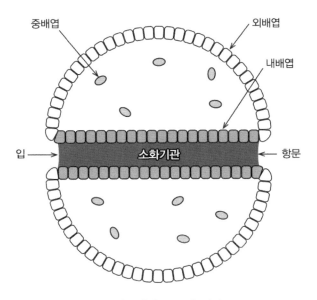

그림 4-1 단순화한 동물의 기본 구조

뒤 모양이 다르기 때문이다.

그렇다면 우리는 개의 어디를 보고 앞이라고 판단하는 것일까? 머리일까? 눈일까? 이것을 생각하기 위해 몸의 기본 구조에 대해서 생각해보자.

인간과 개의 몸은 단순화하면 속이 빈 공 안을 관 하나가 관통하는 것과 같은 구조이다(그림 4-1). 공의 바깥 부분은 '외배엽(ectoderm)'이라고 부르는데, 여기에서 표피나 신경 등이 생긴다. 가운데를 관통하는 관 부분은 '내배엽(endoderm)'이라고 부르며,

주로 소화기관이 자리 잡고 있다. 관의 양쪽 구멍은 한쪽이 입이고, 다른 한쪽이 항문이다. 외배엽과 내배엽 사이에도 세포가 있고, 이 부분은 '중배엽(mesoderm)'이라고 부른다. 이 부분에는 주로 뼈와 근육이 있다.

인간이나 개는 식물과 달리 광합성을 하지 못하기 때문에 무엇인가를 먹어야만 살 수 있다. 그러므로 인간이나 개는 입을 통해서 음식물을 소화기관에 넣는다. 음식물이 소화기관을 통과하는 동안 영양분을 흡수한다. 그리고 필요 없는 것은 항문으로 배출한다.

음식물이 되는 것은 대개 다른 생물이다. 그러나 앞에서도 말한 대로 생물이 우리의 입안으로 스스로 들어오는 일은 거의 없다. 그러므로 우리가 움직여야 한다. 움직이는 방향은 입이 있는 쪽으로 하는 것이 좋을 것이다.

대부분의 동물은 입이 있는 쪽으로 움직인다. 그러므로 멈추어도 어느 쪽이 앞인지 알 수 있다. 입이 있는 쪽이 앞이다. 식물에게는 입이 없으므로 앞이나 뒤가 없다.

이처럼 입은 매우 중요한 기관이다. 입으로 음식물을 넣고 소화기관에서 소화, 흡수를 한 후에 항문으로 배설물을 내놓는 것이 동물이 살아가는 기본적인 방식이기 때문이다. 살아가는 데에 먹는 것보다 중요한 일이 어디 있겠는가?

소화기관 안은 세균투성이

살아가는 데에 가장 중요한 것은 먹는 일이다. 그러나 사실 우리
는 혼자서는 만족스럽게 먹을 수 없다. 다른 생물의 도움이 없으
면 다양한 음식물을 충분히 소화할 수 없기 때문이다.

'점막상피'라고 불리는 소화기관의 안쪽 표면은 점액으로 촉촉
함을 유지한다. 이 점막상피는 몸의 가장 바깥쪽 표피와 이어져
있다. 이런 맥락에서 소화기관 안은 몸 바깥이기도 하다. 참고로
표피에서 점막상피로 이어지는 부분이 입술과 항문이다.

소화기관 안에는 '장내 세균'이라는 세균이 살고 있다. 소화기
관은 입에서 항문까지 이어진 관이다. 이것은 위치상으로는 몸
안에 있지만 그 내부는 입이나 항문을 통해서 외부와 이어진다.
그런 의미에서 소화기관 안은 몸의 바깥으로 볼 수 있다.

장내 세균이 사는 곳은 장 안이므로 일단 우리의 몸 바깥에서
사는 것이지만 그 수는 엄청나다. 약 1,000조 개라는 추측도 있
다. 우리 인간의 몸은 약 40조 개의 세포로 이루어져 있으므로
장내 세균의 수가 훨씬 더 많은 셈이다. 그 장내 세균의 99퍼센트
이상은 대장에서 살지만, 그 수가 매우 많아서 소장에도 상당 수
의 장내 세균이 살고 있을 것으로 보인다.

우리는 입을 통해서 음식물을 넣고 그 음식물을 소화기관에서
소화, 흡수한 뒤에 찌꺼기를 변으로 내보낸다. 그러나 변의 대부

분이 음식물 찌꺼기는 아니다. 절반 정도는 장내 세균의 사체(살아 있는 것도 있다)이며, 그밖에 상당 부분이 소화기관의 안쪽 표면에서 떨어진 점막 상피세포이다. 음식물 찌꺼기는 변의 절반도 채 되지 않는다.

이렇게나 많은 장내 세균이 소화기관 안에 살고 있어도 우리가 잘 살 수 있는 이유는 장내 세균의 대부분이 우리에게 도움이 되기 때문이다. 즉, 인간과 장내 세균은 공생 관계이다. 인간은 장내 세균에 소화기관 안이라는 따뜻하고 영양가 높은 환경을 제공한다. 한편 장내 세균은 우리의 소화를 도와줄 뿐만 아니라, 음식과 함께 들어온 세균에 감염되는 것도 예방해준다.

장내 세균은 독자적인 효소를 분비해서 우리가 소화하기 어려운 성분을 분해하고, 위험한 세균이 들어왔음을 우리의 세포에게 알려주기도 한다. 그러면 우리 세포가 위험한 세균에게 유해한 물질을 분비할 수 있다. 또한 장내 세균이 장 안쪽 표면을 점령하고 있는 것 자체가 감염을 막아주기도 한다. 바깥에서 들어온 세균도 머물 곳이 없으면 살아갈 수 없기 때문이다.

소화는 어떻게 일어나는가?

이처럼 장내 세균은 고마운 존재이지만, 그렇다고 해서 우리가 몸도 마음도 모두 장내 세균에게 바칠 수는 없다. 우리와 장내 세균은 표면상으로는 우호적으로 공생하지만 조금 미묘한 이해 관계로 얽혀 있기도 하다.

생물이 에너지원으로 가장 많이 사용하는 것은 글루코스(포도당)라는 당이다. 글루코스는 당 중에서도 단당(monosaccharide)이라고 불리는데, 단당은 당의 가장 작은 단위로 그 이상 분해되면 더 이상 당이 아니다.

단당이 2개 결합한 것이 이당(disaccharide)이다. 예를 들면 글루코스가 2개 결합한 것이 말토스이다. 그리고 단당이 많이 결합된 것은 다당(polysaccharide)이다. 그 예로 글루코스가 많이 결합한 것(의 하나)이 전분이다.

음식에서 에너지를 얻기 위해서 우리는 소화를 해야 한다. 소화란 한마디로 "작게 하는 것"이다. 그렇다면 글루코스가 많이 이어진 전분이 어떻게 작아지는지 살펴보자.

우리가 밥을 먹으면 밥에 들어 있는 전분이 입안에 들어온다. 그러면 입안에 침이 분비된다. 침에는 아밀레이스(아밀라아제)라는 효소가 들어 있어서 전분이라는 다당을 말토스라는 이당으로 분해한다. 그렇지만 실제로는 음식이 입안에 머무는 시간이 짧기 때문에 여기에서는 전분의 일부가 분해될 뿐이고, 전분의 대부분은 소장까지 간 후에 분해된다.

소장에서는 이자액(췌장액)이라는 소화액이 분비된다. 이자액 속에도 역시 아밀레이스가 함유되어 있어서 남은 전분(다당)을 말토스(이당)로 분해한다.

그런데 왜 모두 이당까지밖에 분해하지 못하는 것일까? 우리가 에너지원으로 쓰는 것도, 장의 벽에서 흡수할 수 있는 것도 단당인데 말이다.

또다른 예를 들어보자. 단백질은 아미노산이 많이 결합한 것이다. 한편 아미노산이 조금 결합한 것, 구체적으로는 몇 개에서부터 20개 정도가 결합한 것은 올리고펩티드라고 불린다. 아미노산이 1개인 것은 물론 그냥 아미노산이라고 한다.

우리가 단백질을 섭취하면 단백질은 입을 통해서 위로 들어간다. 위에서는 위액이라는 소화액이 분비되는데, 이 속에 있는 펩신이라는 효소가 단백질을 올리고펩티드로 분해한다. 나아가 소장에 이르면 이자액 속에 들어 있는 여러 가지 효소에 의해서 남은 단백질도 올리고펩티드로 분해된다. 예를 들면 트립신이나 키모트립신이라는 효소는 단백질을 올리고펩티드로(올리고펩티드는 더 작은 올리고펩티드로) 분해한다.

이처럼 위나 소장에서는 단백질을 올리고펩티드로는 분해하지만 아미노산까지는 거의 분해하지 않는다. 장의 벽에서 흡수할 수 있는 것은 아미노산뿐인데(아미노산이 2개 혹은 3개 이어진 것도 조금 흡수한다), 왜 올리고펩티드까지밖에 분해하지 않는 것일까?

그 이유를 생각하기 전에 소화에는 두 종류가 있다는 사실을 설명하고자 한다. 지금까지 말한 것처럼 소화기관 안에서 소화되는 것을 관강내 소화라고 한다. 그리고 또 하나는 막소화이다.

앞에서도 말했지만 소장 내부의 표면은 점막상피라고 하며, 점막상피를 만드는 세포는 흡수 상피세포라고 부른다. 이 흡수 상피세포의 세포막에서 행해지는 소화가 막소화인데, 이것이 소화의 최종 단계이다.

예를 들면 글루코스가 2개 합쳐진 말토스는 말테이스(말타아제)라는 효소에 의해서 2개의 글루코스로 분해된다. 락토스(유당)라는 이당은 락테이스(락타아제)라는 효소에 의해서 글루코스와 갈락토스라는 2개의 단당으로 분해된다.

또한 단백질이 분해되어 생긴 올리고펩티드는 올리고펩티데이스(올리고펩티다아제) 등의 효소에 의해서 아미노산으로 분해된다. 그리고 막소화로 생성된 글루코스나 아미노산은 즉시 흡수 상피세포에 의해서 흡수되어 모세혈관으로 운반된다.

장내 세균과의 경쟁

그렇다면 막소화라는 것은 왜 존재할까? 관강내 소화로 단당이나 아미노산으로 분해하면 간단하지 않을까? 이유는 두 가지이다. 그중 하나는 장내 세균과의 경쟁이다.

아무래도 큰 것보다 작은 것이 흡수하기 쉽기 때문에 누구나 입자가 큰 말토스나 올리고펩티드보다 입자가 작은 단당이나 아미노산을 선호한다. 그리고 우리가 먹은 것을 영양분으로 삼으려고 노리는 것은 우리만이 아니라 장내 세균도 마찬가지이다.

장내 세균은 소장 안에 많이 있다. 대장에 비하면 훨씬 적지만, 그래도 상당수가 존재한다. 그러므로 만일 관강내 소화로 글루코스나 아미노산으로 분해하면, 우리가 그것을 장벽에서 흡수하기 전에 장내 세균이 먼저 먹어치울 것이다.

물론 장내 세균은 고마운 존재이지만, 장내 세균이 글루코스나 아미노산을 모두 먹어치워서 우리가 먹을 것이 없어지면 곤란하다. 그래서 우리는 흡수하기 직전이 되어서야 글루코스나 아미노산을 만든다. 만들어서 바로 흡수하면 장내 세균에게 빼앗기지 않기 때문이다.

장내 세균에게는 미안하지만 어쩔 수 없는 일이다. 물론 막소화라는 단계를 만들어도 어느 정도는 장내 세균에게 빼앗긴다. 그러나 그 정도가 딱 좋다. 하나도 빼앗기지 않도록 보호막을 더 치게 되면 이번에는 장내 세균이 살아갈 수 없기 때문이다. 그렇게 되면 우리도 곤란하지 않겠는가?

또 한 가지 이유는 삼투압이다. 앞의 장에서도 삼투압에 대해서 언급했지만, "삼투압이 높다"는 것은 요약하자면 "짜다"는 뜻이었다. 인간의 몸에는 적절한 삼투압이 유지되며, 그것이 잘못되면 건강하게 살아갈 수 없다.

짜다는 것은 소금의 **양**이 아니라 소금의 **입자 수**에 달려 있다. 소금이 많이 있어도 큰 덩어리로 되어 있으면 그다지 짜지 않다. 한편 소금의 양이 똑같다면 입자가 작으면 작을수록, 즉 입자의 수가 늘면 늘수록 짜진다.

장 속에도 적절한 삼투압이 있다. 여기에서는 소금이 아니라 설탕으로 생각해보자. 구체적으로는 이당인 말토스와 단당인 글루코스이다. 만일 관강내 소화에서 말토스를 글루코스로 분해하면 입자의 수는 두 배가 된다. 말토스 1개에서 글루코스 2개가 생기기 때문이다. 그렇게 되면 삼투압은 두 배가 된다.

물론 소화의 초기 단계(예를 들면 전분을 분해할 때)에도 삼투압은 높아질 수 있지만, 이때까지는 아직 미미한 정도이다. 소화의 최종 단계로 가면 입자의 수는 급격하게 증가한다. 그렇기 때문에 이러한 삼투압의 변화를 피하는 데에도 막소화가 도움이 될 가능성이 높다.

그렇다면 막소화가 진화한 이유는 이 두 가지 가운데 어느 것일까? 아마 양쪽 다일 것이다. 진화하는 동안에 또다른 이유가 많이 생겼을 수도 있다.

진화는 장래를 계획하는 등의 행동은 하지 않는다. 지금 이 순간에 도움이 되는지 되지 않는지에 집중할 뿐이다. 그러므로 진화의 방향이 자꾸 바뀐다고 해도 이상하지는 않다. 그럼에도 일정한 방향으로 진화가 일어나는 경우에는 몇 가지 이유가 같은 방향의 진화를 촉진하고 있을 가능성이 높다.

막소화의 진화는 인간이 장내 세균의 도움을 받는다는 증거이기도 하다. 우리는 현재 지구에서 최고의 번성을 구가하고 있지만, 혼자서는 밥도 제대로 먹을 수 없는 딱한 존재이다.

제 5 장

지금도 위는 진화하고 있다

어른이 되어서도 우유를 마시다니

다윈은 틀렸다. 아니 다윈의 말이 모두 틀리지는 않았지만, 상당히 중요한 부분이 잘못되었다. 진화가 반드시 오랜 기간에 걸쳐서 서서히 진행된다는 주장 말이다. 아직도 많은 사람들이 이 주장을 믿고 있고, 그로 말미암은 오해도 자주 생긴다.

우리는 포유류이다. 포유류의 중요한 특징은 우유(모유)로 새끼를 기른다는 것이다. 따라서 포유류의 새끼는 당연히 모유를 마실 수 있다. 그러나 다 자란 포유류는 모유를 마시지 않는다. 아니, 성인이 되면 모유를 마시지 못하게 된다. 성장에 따라서 (앞 장의 막소화 부분에서 나온) 락테이스라는 효소를 더 이상 만들지 않기 때문이다.

모유에 있는 성분은 종에 따라서 다르다. 예를 들면 소의 우유는 인간의 모유보다 지방이 적지만, 추운 곳에서 서식하는 고래나 바다표범의 모유에는 지방이 매우 많다. 이렇듯 차이는 있지만, 대부분의 우유에 포함되는 주요 성분은 락토스이다.

락토스를 소화하는 효소가 락테이스이다. 락테이스는 락토스를 글루코스과 갈락토스로 분해한다. 우리의 소장은 이 분해된 글루코스나 갈락토스는 흡수할 수 있지만, 분해되기 전의 락토스는 흡수할 수 없다.

신생아의 주요 에너지원은 모유 속의 락토스이기 때문에 신생아는 락테이스라는 효소로 락토스를 소화한다. 그러나 모유를 먹지 않는 나이가 되면 더 이상 락테이스는 필요하지 않게 된다. 이런 상황에서 락테이스를 계속 만드는 것은 낭비이므로 어른이 되면 락테이스를 만들지 않는 것이 자연선택에 유리하다.

성인이 우유를 마시면 락토스는 분해도 흡수도 되지 않는다. 그러면 장내 세균에 의해서 락토스가 다른 방법으로 분해되어 메탄과 수소가 생기고, 그 결과 복부 팽창이나 설사로 고생을 하게 된다. 그러므로 보통 어른은 우유를 마시지 않는다(다만, 어른이라고 락토스를 소화하는 능력이 전혀 없는 것이 아니라, 어릴 때의 10분의 1 정도는 남아 있는 것이 보통이다. 그렇기 때문에 유제품 중에서도 락토스가 적은 치즈나 요구르트는 먹을 수 있는 경우가 많다).

그러나 성인이 되어도 락테이스를 계속 만드는 락테이스 지속성이 있다면 우유를 마실 수 있다. 나 역시 락테이스 지속성이 있기 때문에 "성인이 아기처럼 락테이스를 만들다니……"라고 흉볼 자격은 없다. 락테이스 지속성이 있는 사람은 의외로 많다. 이 책을 읽고 있는 당신도 어쩌면 여기에 해당될지 모른다.

락테이스 지속성은 자연선택으로 퍼졌다

락테이스 지속성이 있다는 것은 말하자면 유전성 질환이다. 그러나 수천 년 전에 낙농이 시작되면서 이 유전성 질환에 걸린 사람이 오히려 자연선택에서 유리해졌다고들 한다. 락테이스 지속성을 일으키는 돌연변이가 자연선택에서 살아남았다는 증거가 있기 때문이다.

부모가 자식에게 DNA를 전달할 때에는 '재조합(recombination)'이 일어난다. 예를 들면 어머니에게는 외할머니와 외할아버지에게서 물려받은 DNA가 있는데, 그 DNA는 자녀에게 전달되기 전에 재조합된다. 이때 외할머니의 DNA와 외할아버지의 DNA가 일부 교환된다. DNA가 교환된 영역에는 대개 유전자가 몇백 개나 들어 있다. 즉, 가까이에 있는 유전자가 모여서 교환되고, 운명을 같이한다.

그러나 재조합이 이루어질 때에 DNA가 잘리는 위치는 매번 일정하지 않다. 그러므로 많은 세대를 거치면서 반복적으로 잘리고 교환되다 보면 유전자끼리 함께 있는 시간도 길어지지만 아무리 가까이 있어도 언젠가는 재조합되어 헤어지게 된다.

자, 여기에서 어느 유전자에 자연선택이 일어나면 어떻게 될까? 그 유전자가 자연선택에서 유리하다면 그 유전자는 많은 개체들에게, 즉 집단으로 퍼져간다. 이렇게 퍼질 때에는 그 유전자만 퍼지는 것이 아니다. 모여서 재조합된 그 주위의 유전자도 함께 퍼진다.

이러한 현상을 조사할 때에는 실제 자료로 DNA의 염기서열을 사용한다. 어떤 유전자 주변의 염기서열은 재조합으로 변해간다. 한편 어떤 유전자가 자연선택에서 집단으로 퍼져나가면 그 유전자 주변의 염기서열도 함께 집단 속으로 퍼진다. 따라서 어느 유전자 주변의 염기서열은 많은 개체에서 같아진다. 즉, 재조합은 염기서열을 변화시키는 힘으로 작용하고 자연선택은 염기서열을 같게 만드는 힘으로 작용한다.

그렇기 때문에 만일 재조합에 의해서 변화하는 속도보다 자연선택에 의해서 같아지는 속도가 빠르다면, 많은 개체에서 염기서열이 거의 같아진다. 즉, 어떤 유전자 가까이의 염기서열을 조사해보니 그것이 많은 개체들에서 거의 유사하다면 그 유전자에 자연선택이 일어나고 있다는 증거가 된다. 실제로 조사해보면 락테이스 지속성의 변이를 지닌 락테이스 유전자 주변의 염기서열은 어느 개체에서든 거의 같다. 즉, 락테이스 지속성은 자연선택에 의해서 퍼져나가고 있다.

우유의 좋은 점은 무엇인가?

인간(호모 사피엔스)이 출현한 지 거의 30만 년이 지났지만, 그 대부분의 기간에 인간의 성인은 우유를 마시지 못했다. 그 사이에도 때때로 락테이스 지속성을 일으키는 돌연변이가 생겼을 것이다. 그러나 성인은 우유를 마시지 못하므로 락테이스 지속성 덕분에 우유를 마실 수 있다고 하더라도 별 이득은 없었다. 락테이스를 만들기 위해서 불필요한 에너지를 사용하므로 오히려 불리해질 뿐이었다. 따라서 락테이스 지속성을 일으키는 변이는 퍼지지 않았다.

그러나 약 1만 년 전부터는 염소나 양, 그리고 소를 가축화하기 시작하면서 상황이 바뀌기 시작했다. 목축이 확산되면서 락테이스 지속성을 일으키는 돌연변이가 일어난 사람이 살아가는 데에 오히려 유리해진 것이다.

처음에는 목축도 아마 고기나 가죽을 얻는 것이 목적으로 시작되었을 것이다. 그러나 가축이 가까이에 있으면 가끔은 그 우유를 먹기도 했을 테고, 가축의 우유를 마신 사람은 마시지 않은 사람보다 영양을 많이 섭취하게 되었을 것이다. 그 결과 그들이 많은 자손을 남길 수 있었고, 이후 락테이스 지속성이 퍼졌을 것으로 보인다.

여기까지는 앞에서 말한 DNA 연구를 통해서 알게 된 사실이다. 그러나 그들이 자손을 많이 남긴 구체적인 이유에 대해서는 몇 가지 설이 있다.

예를 들면 북유럽에 우유를 마실 수 있는 사람이 많은 이유는 햇빛이 약하기 때문이라는 설이 있다. 뼈의 형성에는 비타민 D가 중요하다. 이것은 아이들에게만 해당하는 것이 아니다. 성인이 되어서도 뼈는 계속 다시 만들어지기 때문에 성인에게도 비타민 D는 중요하다. 이 비타민 D는 자외선을 쬐면 피부에서 만들어진다. 햇빛이 약한 지역에서는 자외선도 약하기 때문에 비타민 D 부족으로 뼈와 관련된 질환을 앓기 쉽다. 그런데 우유에는 칼슘이 풍부하므로, 우유를 마시면 뼈 관련 질환에 잘 걸리지 않는다.

또한 아프리카 북부에 우유를 마실 수 있는 사람이 많은 것은 깨끗한 물이 적기 때문이라는 설도 있다. 아프리카 북부, 특히 사막 지역에는 물이 적고, 있다고 해도 더러워서 마실 수 없는 경우가 많다. 그러나 염소 혹은 낙타의 우유는 오염되지 않은 액체이기 때문에 락토스만 소화할 수 있다면 자신이 원하는 만큼 마셔도 괜찮다.

물론 북유럽이나 북아프리카 이외의 지역에서도 우유를 마실 수 있는 사람은 많다. 우유는 영양가가 풍부하므로 특별한 이유가 없어도 우유를 마시는 것이 유리하기는 하다. 그 때문에 목축이 시작되자 세계 이곳저곳에서 성인도 우유를 마실 수 있게 되었을 가능성이 높다.

우리가 구석기 시대의 생활을 해야 하나?

그러나 미국에는 성인이 우유를 마시는 것에 반대하는 사람도 있다. 우유는 송아지를 위해서 만들어졌지, 인간을 위해서 만들어진 것이 아니다. 인간은 원래 우유를 마실 수 있는 몸이 아니다. 그럼에도 왜 우유를 마시는가? 우유를 마시는 것은 결국 당뇨병이나 심장병 같은 질병에 걸리는 요인이 된다. 우리의 몸은 수백만 년이나 이어진 구석기 시대의 생활에 적응한 것이므로, 구석기 시대의 음식을 먹어야 한다. 그런 의견이다.

미국뿐 아니라 다른 나라에도 같은 생각을 가진 사람이 있을 수 있다. 분명 우리(성인)의 몸은 원래 우유를 마실 수 있는 구조가 아니다. 그러나 몇천 년 사이에 우유를 마실 수 있는 몸으로 진화했다. 진화한 이상 옛날의 상식은 지금의 비상식이 되고는 한다.

예를 들면 오랜 옛날에 우리는 바다에서 살았다. 우리의 몸은 원래 육지에서 살도록 만들어지지 않은 셈이다. 그러나 지금은 육지에서 살 수 있는 몸으로 진화했다. 이렇게 진화한 이상 육지에서 사는 것이 모든 문제의 근원이고, 물속에서 생활하는 것이 건강의 지름길이라는 법은 없다. 만일 그렇게 된다면 죽고 말 것이다.

앞에서도 말했지만 우리가 우유를 마실 수 있게 된 것은 자연선택의 결과이다. 즉 우유를 마시지 못하는 사람보다 우유를 마실 수 있는 사람이 자손을 많이 남겼기 때문에 일어난 것이다. 그렇다면 우유를 마시지 못하는 사람보다 마신 사람이 건강했을 가능성이 높지 않을까?

최근 몇천 년간 북유럽에서는 우유를 마시지 않은 사람은 뼈질환에 시달린 반면, 우유를 마신 사람은 건강한 생활을 했을지도 모른다. 어쩌면 북아프리카는 우유를 마시지 않은 사람은 목이 말라서 괴로웠던 반면 우유를 마신 사람은 건강한 생활을 했을지도 모른다.

일부 사람들이 주장하는 것처럼 우유가 모든 악의 근원이고 우유를 마시지 않는 것만이 건강의 지름길인 것만은 아니지 않을까? 물론 우유를 너무 많이 마시면 비만이 될 수도 있지만, 그것은 또다른 문제이다. 무엇이든 지나치게 많이 먹으면 몸에 해로운 것이 당연하다. 아무리 몸에 좋아도 과다섭취가 몸에 좋을 턱이 없다.

방향성 선택과 안정화 선택

우유를 마시는 것이 건강에 바람직하지 않다는 생각은 진화는 굉장히 느리게 이루어진다는 착각에 바탕을 둔다. 다윈의 저서인 『종의 기원』이 그렇게 믿게 만든 원인 중의 하나가 아닐까?

자연선택의 움직임에는 몇 가지 유형이 있는데, 주요한 것은 방향성 선택과 안정화 선택, 두 가지이다(그림 5-1). 유리한 돌연변이가 일어나면 자연선택은 그 갑작스러운 변이를 늘리려고 한다. 그러면 생물의 형질이 일정한 방향으로 변화한다. 이것이 방향성 선택이다. 이는 생물을 진화시키는 힘이 된다.

한편 불리한 돌연변이가 일어나면 자연선택은 그 돌연변이를 제거하려고 한다. 불리한 형질은 평균적인 형질에서 벗어난 것이 많으므로, 불리한 형질을 제거해도 집단 전체로서의 형질은 변하지 않는다. 오히려 이런 경우의 자연선택은 형질을 변화시키지 않도록, 즉 안정시키도록 작용한다. 이와 같은 안정화 선택은 생물을 진화시키지 않는 힘이다.

다윈이 『종의 기원』을 출간하기 전부터 안정화 선택은 알려져 있었다. 다만 안정화 선택은 생물을 진화시키지 않기 때문에 이것을 진화와 연결시키는 사람은 없었다. 그러나 다윈(과 앨프리드 러셀 월리스[1823-1913])은 방향성 선택을 발견하고, 이것이 생물을 진화시키는 힘이라는 사실을 명확히 했다. 이는 그가 안정화 선택과 방향성 선택을 모두 알고 있었다는 이야기이다.

그러나 다윈은 안정화 선택을 중요하게 생각하지 않았다. 물론 안정화 선택은 생물을 진화시키지 않으므로 진화에 대해서 생각하려면 안정화 선택은 무시해도 좋을 듯 보인다. 그러나 그렇지 않다.

진화라는 길을 달리는 자동차에 유리한 변이는 액셀이다. 생물은 방향성 선택에 의해서 진화하기 때문이다. 한편 불리한 변이는 브레이크이다. 생물의 진화는 안정화 선택에 의해서 멈추기 때문이다.

보통 자동차는 액셀이나 브레이크를 밟으면서 달려간다. 그러나 다윈이 생각한 자동차에는 브레이크가 없었다. 그러므로 다윈의 자동차는 멈추지 않는다. 멈추지 않고 계속 달린다.

액셀과 브레이크가 모두 있으면 자동차는 속도를 올릴 수도 멈출 수도 있지만, 다윈의 차에는 브레이크가 없기 때문에 오로지 계속 달리기만 한다. 그러나 멈추지 않고 계속 달리는 것 치고 생물은 그다지 진화하지 않는 것처럼 보인다. 그렇다면 진화의 속도는 굉장히 늦다고 생각할 수밖에 없다. 멈추지 않고 오로지 천천히 계속 달린다. 이것이 다윈이 생각한 진화였다.

그러나 실제 진화는 다르다. 액셀이나 브레이크를 밟으면서도 앞으로 나아간다. 예를 들면 성인인 인간은 수십만 년 동안 계속 우유를 마시지 못했다. 성인이 우유를 마실 수 있는 성질은 목축

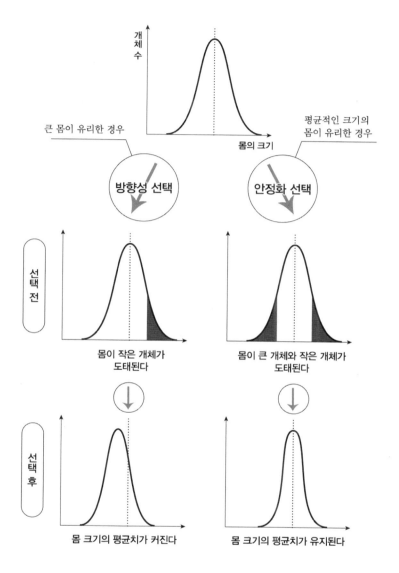

그림 5-1 자연선택이 작용하는 방향

이 시작되기 전까지는 불리한 것이었기 때문에 브레이크가 걸려 있었다.

그후로 목축이 시작되고 성인에게도 우유를 마실 수 있는 성질이 유리해졌다. 그래서 액셀을 밟게 되었고 방향성 선택이 시작되었다. 그러자 우유를 마실 수 있는 인간이 늘어났다.

안정화 선택이 작용하고 있을 때에는 진화가 일어나지 않지만, 방향성 선택이 작용할 때에는 진화가 상당히 빠르게 진행된다. 아마 수천 년만 있으면 충분할 것이다.

목축이 시작되면서 우유를 마실 수 있는 성인이 많아진 지역에서는 이미 방향성 선택이 끝나고, 또다시 안정화 선택이 시작되었을 것이다. 이제는 오히려 우유를 마시지 못하면 오히려 불리하다. 그러므로 만일 앞으로도 계속 목축이 이어진다면, 우유를 마실 수 있는 성인이 많은 채로 계속 안정화 선택이 이루어질 것이다.

진화는 의외로 빨리 진행된다

사실 성인도 우유를 마실 수 있도록 만드는 돌연변이는 여러 지역에서 몇 번이나 일어났다. 최근 1만 년 사이에 몇 번이나 방향성 선택이 일어난 것이다. 즉 진화는 몇 번이나 일어났다. 그 진화가 일어난 순간이 1만 년보다 짧았던 것은 확실하다.

한 연구에서는 우유를 마실 수 있게 되는 유전자를 가지면 자녀의 수가 평균 3퍼센트 증가한다고 가정한다. 그 경우 (어떤 조건에서는) 유전자가 집단으로 퍼지는 기간이 약 7,000년이 걸린다고 한다. 진화라는 시점에서 보면 한순간이지만, 실제로는 더 빠르지 않나 하는 생각이 든다. 자녀의 수가 평균 3퍼센트 증가한다는 가정은 과소평가인지도 모른다. (물론 실제로는 어떨지 알 수 없지만) 자녀의 수가 더 증가한다고 가정하면, 유전자는 대체로 수백 년 안에 집단 전체로 퍼진다. 진화는 의외로 빨리 진행되는 것이다.

예를 들면 하와이 제도에서 사는 귀뚜라미는 진화가 굉장히 빨리 진행되었는데, 진화의 결과 날개에 돌연변이가 일어나서 수컷이 울지 못하게 되었다. 울지 않으면 기생파리의 눈에 띄지 않기 때문에 살아가는 데에 유리하다고 한다. 이 성질은 불과 5년 만에 하와이 제도 전체의 귀뚜라미에게 퍼졌다. 진화에 겨우 5년이 걸린 셈이다.

마지막으로 살며시 다윈의 편을 들어주자. 분명 다윈은 『종의 기원』에서 "자연선택은 매우 느리게 진행된다"고 반복해서 말했다. 그러나 다윈이 정말로 하고 싶었던 말은 "느리게"라는 부분이 아니었다. 왜냐하면 다윈은 "자연선택은 매우 느리게 진행된다"라고 말한 후에 "그러나 오랜 시간이 지나면 큰 변화도 일으킨다"라고 이어갔기 때문이다.

다윈이 하고 싶었던 말은 "자연선택은 큰 변화를 가져온다"라는 것이지, "자연선택이 느리게 진행된다"는 말은 아니었을 것이다. 그는 비록 한 번의 자연선택의 영향은 작더라도 그것이 쌓이면 큰 변화가 생긴다고 말하고 싶었을 뿐이다.

당시에는 많은 사람들이 진화를 의심했다. 아무리 기다려도 생물은 진화하지 않지 않는가? 고대 이집트의 동물 미라를 보더라도 지금의 동물과 다를 바가 없지 않은가? 그런 비판을 염두에 두었기 때문에 그 변명으로 "진화는 느리게 진행되기 때문에 인간의 눈으로는 관찰할 수 없다"고 말하고 싶었을 것이다. 그러니 다윈이 "자연선택은 매우 느리게 진행된다"라고 말한 것에 대해서 지나치게 반박할 필요는 없다.

제 6 장

인간의 눈은 잘못 설계되었는가?

미완성된 눈은 도움이 되지 않는다

인간의 눈은 매우 복잡하다. 이런 복잡한 눈이 아무것도 없는 상태에서 갑자기 탄생했다고는 믿기 어렵다. 틀림없이 몇 번의 단계를 거쳐 조금씩 진화해왔을 것이다.

그러나 그렇게 생각하면 또다른 의문이 생긴다. "미완성된 눈이 도대체 무슨 도움이 될까?"하는 의문 말이다. 이에 따라서 진화를 부정하는 사람들 사이에는 다음과 같은 주장을 하는 사람도 있다.

"눈은 완성이 되어야 비로소 제 역할을 할 수 있으므로, 진화에 의해서 조금씩 만들어졌을 리가 없다. 미완성된 눈은 아무런 도움이 되지 않기 때문이다. 그러므로 (눈도 포함해서) 생물은 어떤 목적을 가진 존재(신 같은 존재)에 의해서 단번에 만들어졌다고 생각하는 것이 합리적이다."

지적 설계(Intelligent Design)라고도 불리는 이런 사고방식은 100년도 더 전부터 반복적으로 제기되어왔다. 그중에서도 널리 알려진 것은 영국의 동물학자 세인트 조지 잭슨 마이바트(1827-1900)가 제기한 다윈의 『종의 기원』에 대한 비판이다.

지금까지도 이런 주장을 하는 사람이 분명히 있고, 그들의 주장은 정말 그럴듯하게 들린다. 그러나 과연 그럴까?

진화하는 경우와 하지 않는 경우

어느 만화의 등장인물 중에 가난한 남자아이가 있었다. 이 아이는 돈이 없어서 제대로 된 양복을 살 수 없었다. 양복을 입는다고 하더라도 절반밖에 없는 양복을 입었다. 앞에서 보면 제대로 입은 것처럼 보이지만, 뒤에서 보면 벌거숭이였다.

양복을 입으면 예의가 바른 것이고, 입지 않으면(예를 들면 티셔츠에 청바지 차림이면) 예의에 어긋나는 것이라고 치자. 만일 진화가 예의 바른 방향으로 진행된다면 양복을 입지 않은 상태에서 입고 있는 상태로 진화할 것이다. 즉 아래와 같이 된다.

양복 없음 → 양복 있음

그러나 중간 단계를 생각하면 진화하는 경우와 진화하지 않는 경우가 있다는 사실을 알 수 있다. 만일 양복을 상의만 입고 있으면(양복 상의만 입는 것에 불만을 제기하지 않는다고 치면) 설령 하의가 청바지더라도 조금은 예절을 지키는 셈이 된다. 그런 다음 진화가 예의 바른 방향으로 진행되면 아래와 같은 진화가 일어날 것이다.

양복 없음 → 양복 상의만 있음 → 양복 있음

그러나 중간 단계의 양복이 앞쪽만 있다면 어떻게 될까? 앞에서 보면 양복을 입은 것처럼 보이지만 뒤로 돌면 벌거숭이이기 때문에 이는 예의에 맞는 옷차림이라고 할 수 없다. 아니, 양복을 입지 않았을 때보다 더 실례이다. 그러므로 진화가 예의 바른 방향으로 나아가려면 이러한 중간 단계를 거치는 진화는 일어나지 않을 것이다.

~~양복 없음 → 양복 앞부분만 있음 → 양복 있음~~

이처럼 양복을 입은 예의 바른 상태에 도달하는 길은 하나가 아니다. 양복 상의만 입은 상태를 지나는 길이 있다면 양복 앞부분만 양복을 입은 상태를 지나는 길도 있다. 마찬가지로 현재 우리의 눈이 진화해온 길도 여러 가지로 생각할 수 있다. 다만 그중에서 진화가 지나갈 수 있는 길은 제한되어 있다.

"미완성된 눈"이라는 말을 들으면 얼핏 만들다가 만 기계 같은 이미지를 머릿속에 떠올리게 된다. 우리는 기계를 조립할 때에 우선 부품을 하나씩 만든 후에 그 부품들을 맞추어서 조립하고는 한다. 그렇기 때문에 "미완성된 눈"이라고 하면 자신도 모르게 그런 부분적인 이미지를 상상하게 된다.

예를 들면, 렌즈 등 안구의 구조는 완벽하게 만들어졌는데 아직 신경이 연결되지 않은 눈을 떠올릴 수 있다. 물론 이런 어중간한 눈은 전혀 도움이 되지 않는다. 이는 양복을 앞부분만 입은 것이나 마찬가지이다.

따라서 진화가 이와 같은 길을 지난다면 눈이라는 것이 진화한다고 말하기는 어렵다. 그러나 그밖에도 진화의 길은 있다.

눈에서 알 수 있는 여러 가지

우리의 눈이 진화해온 길을 생각하기 위해서 다른 동물의 눈을 살펴보자. 눈에는 다양한 유형이 있지만 그중에서 전형적인 것을 몇 가지 들어보기로 하자.

단순한 눈의 예로는 '명암을 감지할 수 있는 눈'이 있다. 빛을 느끼는 세포를 '시각세포(혹은 광수용 세포)'라고 하는데, 이 시

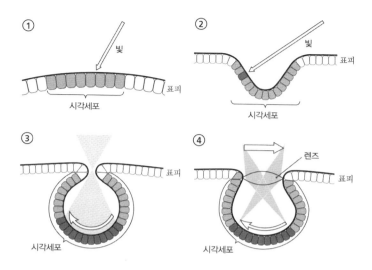

그림 6-1 눈의 진화

각세포가 여러 개 이어져서 막이 된 것이 망막이다.

　인간의 눈에서 망막은 안구의 안쪽 표면을 덮고 있지만, 생물에 따라서는 망막이 몸 표면에 있기도 하다. 망막이 몸 표면에 있으면 반점처럼 보이는데, 이를 '안점(eye spot)'이라고 한다(그림 6-1의 ①).

　안점을 가진 생물은 자신의 몸에 빛이 닿은 사실을 인지한다. 빛이 어느 각도에서 왔는지는 알 수 없지만, 일단 밝은지 어두운지는 알 수 있다. 이것이 '명암을 감지할 수 있는 눈'이며, 자포동물인 해파리 중에 이런 눈을 가진 종이 있다.

'명암을 감지할 수 있는 눈'보다 복잡한 눈으로 '방향을 알 수 있는 눈'이 있다. 이 눈은 안점 망막의 한가운데가 오목한 컵 같은 모양으로 되어서 밝은지 어두운지뿐만 아니라 빛이 오는 방향도 감지할 수 있다. 이러한 눈을 '배상안(杯狀眼)'이라고 한다(그림 6-1의 ②).

그림 6-1의 ②처럼 배상안이 위를 향하고 있다고 치자. 만일 빛이 오른쪽에서 오면 컵의 왼쪽 시각세포에만 빛이 비치고, 왼쪽에서 오면 오른쪽 시각세포에만 빛이 비친다. 이렇게 되면 어느 시각세포가 빛에 반응했는가에 따라서 빛이 오는 방향을 알 수 있다. 배상안을 가진 동물은 많이 있는데, 예를 들면 연체동물인 삿갓조개 등이 있다.

나아가 '방향을 알 수 있는 눈'보다 복잡한 눈으로 '형태를 알 수 있는 눈'이 있다. 배상안의 옴폭 파인 부분인 공동(空洞)은 그대로 두고 입구를 작게 하면 '바늘구멍 눈'이라고 불리는 눈이 된다(그림 6-1의 ③).

배상안의 컵 입구는 잘록하게 좁다. 따라서 외부에서 들어온 빛은 입구를 통과할 때에 한 점에 모인다. 그리고 입구를 통과하면 광선은 다시 넓어지고, 망막에 상하좌우가 반대인 상(像)이 비친다. 즉, 본 것의 형태를 알 수 있다.

바늘구멍 눈은 형태를 알 수 있는 훌륭한 눈이지만 한 가지 큰 단점이 있다. 입구가 좁아서 들어오는 빛의 양이 적다는 것이다.

그렇다고 입구의 구멍을 크게 하면 빛이 한 점에 모이지 않아서 상이 희미하게 비친다. 구멍이 작으면 작을수록 상은 선명해지지만 대신 점점 어두워진다. 이러한 바늘구멍 눈을 가진 생물로는 연체동물인 앵무조개가 있다. 앵무조개의 바늘구멍 눈에 난 구멍은 비교적 크기 때문에 밝게는 보이지만 상이 희미하다. 그냥 그런 상태로 견디는 것 같다.

바늘구멍 눈으로 볼 수 있는 상은 초점을 맞추면 어두워지고, 밝게 하면 상이 희미해진다. 그러나 실은 초점을 맞추면서 밝게 하는 방법도 있다. 바늘구멍 눈의 입구의 구멍을 넓힌 다음 그 자리에 렌즈를 맞추는 것이다. 이런 눈을 카메라 눈이라고 한다(그림 6-4의 ④). 우리 인간의 눈은 이 카메라 눈이다.

눈이 진화하는 길은 많다

앞에서는 인간의 카메라 눈이 진화하는 방법으로 눈의 각각의 부분을 하나씩 만든 후에 그것을 조립하는 방법을 생각했다. 그리고 그런 진화 방법은 실제로는 있을 수 없다고 언급했다.

그러나 진화의 길은 그 외에도 존재한다. 예를 들면 지금까지 살펴본 단순한 눈을 순서대로 거쳐서 진화하는 길이 있다. 먼저 몸 표면의 세포가 시각세포로 변화해서 명암을 알 수 있는 안점이 된다. 그후 안점 한가운데가 옴폭 들어가 빛의 방향을 알 수 있는 배상안이 된다. 다음으로 바깥을 향해서 열려 있는 배상안의 구멍이 작아져서 형태를 알 수 있는 바늘구멍 눈이 된다. 그리고 바늘구멍 눈의 구멍에 렌즈가 생겨서 카메라 눈이 된다. 이것이 오늘날 우리의 눈이다.

이러한 진화의 순서가 실제로도 일어날 법하다. 각 단계의 눈은 각각의 방법으로 쓸모가 있기 때문이다. 그리고 각 단계의 눈이 조금씩 변화해서 다른 단계의 눈이 되어간다. 그렇게 하면 현재 우리와 같은 카메라 눈으로 진화할 수 있다.

그런데 진화를 부정하는 지적 설계의 사고방식은 "미완성된 눈은 도움이 되지 않는다"는 것을 전제로 "눈은 진화로 생긴 것이 아니라는" 결론을 이끌어냈다. 그러나 지적 설계의 사고방식에는 더 암묵적인 전제가 있으니, 바로 "진화의 길은 하나(혹은 소수) 밖에 없다"는 것이다. 따라서 이 사고방식으로는 우리의 눈이 진화해온 길을 상상할 수 없었다.

그러나 "진화의 길은 많다"라는 사실을 전제로 하면, 사고실험으로 우리의 눈이 진화해온 길을 상상할 수 있다. 그러므로 "눈은 진화에 의해서 생겼다"고 생각해도 하나도 이상하지 않다.

다만 앞에서 사고실험을 통해서 상상한 진화의 길(안점 → 배상안 → 바늘구멍 눈 → 카메라 눈)이 실제 눈이 진화한 길이라고 할 수는 없다. 생각할 수 있는 진화의 길은 무궁무진하기 때문이다. "안점 → 배상안 → 바늘구멍 눈 → 카메라 눈"이라는 길은 어디까지나 하나의 가능성에 지나지 않는다.

그렇다면 우리의 눈은 그중 어느 길을 거쳐서 진화했을까? 화석을 조사해보면 옛날에 어떤 일이 일어났는지 대충은 알 수 있겠지만, 유감스럽게도 화석으로 그것을 확정하기는 어렵다.

인간은 포유류의 1종이지만, 포유류는 한층 상위의 분류군인 척추동물에 포함된다. 즉 인간은 척추동물의 1종이다. 가장 오래된 척추동물의 화석 중의 하나는 캄브리아기(5억4,100만–4억8,500만 년 전)의 어류인 하이코우이크티스(*Haikouichthys*)이다. 하이코우이크티스는 턱이 없는 물고기로, '무악류(無顎類)'라고 불린다. 이 하이코우이크티스는 이미 카메라 눈을 가지고 있었던 것으로 보이지만, 화석만으로 자세한 구조까지는 알 수 없다.

더불어 같은 캄브리아기의 척추동물은 아니지만 그에 가까운 피카이아(*Pikaia*)에게는 눈이 없었다. 지금까지 밝혀진 사실은 이 정도에 불과하므로, 카메라 눈이 어떻게 진화해왔는지까지는 알 수 없다.

우리의 눈이 진화해온 길

화석으로는 카메라 눈이 진화해온 길을 밝힐 수 없다. 그러나 아직 포기는 이르다. 현재 생존하는 척추동물의 눈을 조사해보면 어느 정도 정보를 얻을 수 있기 때문이다.

초기 척추동물에게는 턱이 없었다. 그후 턱이 진화하여 지금은 많은 척추동물이 턱을 가지게 되었다. 그러나 턱이 없는 척추동물('무악류'라고 불린다)이 현존한다. 칠성장어와 먹장어와 같은 부류이다. 이들의 입에는 턱이 없고, 둥근 형태이며, 콧구멍이 하나뿐이다. 또한 턱이 있는 어류와는 달리 원시적인 특징이 남아 있다. 그러나 칠성장어에게는 이미 다른 척추동물과 같은 카메라 눈이 있다. 한편 먹장어의 눈은 상당히 단순한 구조이고 렌즈도 없기 때문에 카메라 눈이라고 할 수 없다. 먹장어의 안구는 피부 아래 묻혀 있고, 그 위의 피부는 색소가 없어져서 하얗다. 이는 빛을 피부 아래까지 받아들이기 위함인데, 밖에서 보면 흰 반점처럼 보인다. 이 눈으로 보면 사물의 형태는 알 수 없어도 밝은지 어두운지는 알 수 있다고 한다. 먹장어에게 빛을 비추면 어두운 쪽으로 이동하기 때문이다.

그러나 유감스럽게도 먹장어의 눈은 척추동물의 눈이 진화해 온 길을 가르쳐주지 않는다. 먹장어의 화석을 보면 옛날의 먹장어는 더 발달된 눈을 가지고 있었기 때문이다. 아마 먹장어의 눈은 원시적인 상태를 간직하고 있는 것이 아니라, 카메라 눈에서 퇴화한 것으로 보인다. 많은 먹장어가 어두운 심해에서 살고 있기 때문에 카메라 눈이 있어도 별 쓸모가 없었을 것이다.

이런 추측이 사실이라면 현생 무악류의 조상은 이미 카메라 눈을 가지고 있었다는 이야기가 된다. 그러므로 현생 무악류를 살펴보더라도 카메라 눈이 어떻게 진화해왔는지는 알 수 없다.

그래도 여기에서 좀더 살펴보기로 하자. 우리는 척추동물의 1 종이지만 척추동물은 더 상위의 분류군인 척삭동물에 포함된다. 척삭동물에는 척추동물 이외에도 두삭동물이나 미삭동물이 있는데, 이 두삭동물에 속하는 생물 중에 창고기가 있다. "고기"라 고는 하지만 창고기는 어류가 아니다. 어류는 척추동물이기 때문이다.

창고기에게는 뼈로 된 척추가 없지만 그 대신 유기물로 된 척 삭이 있으며, 이 척삭이 몸의 앞에서 끝까지 뻗어 있다. 척삭의 등 쪽에는 신경관이 있고 이 또한 몸 앞에서 뒤까지 뻗어 있다.

창고기에게는 이른바 '눈'은 없지만 빛을 느끼는 시각세포는 있다. 이 시각세포는 신경관 안에 몇 개나 군데군데 존재한다. 그 리고 신경관의 맨 끝에도 '안점'이라고 불리는 시각세포가 하나 있다. 시각세포가 몸속에 있다니 이상한 이야기이지만, 창고기는 몸집이 작은 데다가 투명해서 신경관까지 빛이 도달한다.

이러한 시각세포가 척추동물의 시각세포에 해당하는지 어떤지 는 알 수 없다. 다만 창고기의 시각세포로 발현한 유전자와 척추 동물의 시각세포로 발현한 유전자 세트가 비슷하다는 보고가 있 다. 물론 유전자 세트가 비슷하다는 것만으로, 눈이라고 부르기 도 어려운 창고기의 눈에서 척추동물의 눈이 진화했다고 할 수는 없다. 그러나 창고기의 눈이라고 부르기도 어려운 눈이 척추동물의 눈에 해당할 가능성은 높아졌다.

만일 창고기의 것과 같은 신경관 속 시각세포에서 척추동물의 눈이 진화했다고 하면 아까 상상한 진화의 길은 잘못되었다는 이야기가 된다. 상상 속에서는 초기의 시각세포가 몸의 표면에 있었지만, 창고기의 시각세포는 신경관 안에 있기 때문이다.

우리의 정교한 카메라 눈이 어떤 길을 경유해서 진화했는지는 아직 미지수이다. 앞으로의 연구에 기대할 수밖에 없다. 다만 분명한 것은 진화의 길을 설명하기 위해서 지적 설계의 사고방식을 일부러 끄집어낼 필요는 없다는 사실이다.

전진도 하고 후진도 하는 진화

우리는 무의식 중에 자기를 중심으로 생각하는 버릇이 있다. 그래서 인간의 눈은 완성품이고 다른 동물의 눈은 미완성이라고 당연한 듯 생각하고는 한다. 아마 진화가 일직선상에 있고, 진보하는 방향으로 이루어진다는 이미지를 가지고 있기 때문일 것이다. 그러나 진화는 그런 것이 아니다. 진화는 저쪽으로 가기도 하고 이쪽으로 오기도 한다. 전진도 하고 후진도 한다. 특히 환경이 바뀌면 그 환경의 변화를 따라가기 위해서 비틀비틀 움직이기 시작한다.

시각세포에는 간상세포와 원뿔세포라는 두 가지 종류가 있다.

간상세포는 감도가 높고, 약간의 빛에도 반응한다. 그렇기 때문에 어두운 곳에서도 사물을 보는 데에 편리하다. 한편 원뿔세포는 감도는 낮지만 색을 구분할 수 있다. 많은 척추동물(어류, 양서류, 파충류, 조류의 대다수)들은 네 가지의 원뿔세포를 가지고 있기 때문에 네 종류의 색을 구분할 수 있다(4원색 색각). 반면에 수많은 포유류들이 원뿔세포를 두 가지밖에 가지고 있지 않으므로(2원색 색각), 그다지 자세하게 색을 구분할 수 없다. 인간의 기준으로 말하자면 적록 색각이상이 포유류 사이에서는 보통인 것이다.

아마 초기 포유류 중에는 야행성인 동물이 많았을 것이다. 그러므로 원뿔세포를 네 가지나 만들어도 별로 도움이 되지 않았을 것이다. 원래 원뿔세포는 감도가 낮기 때문에 어두운 곳에서는 소용이 없다. 쓸모없는 것을 굳이 만드는 것은 낭비이기 때문에, 포유류는 원뿔세포를 두 종류로 줄였을 것으로 보인다.

그러나 일부 원숭이 중에서 원뿔세포의 종류를 다시 늘린 종이 나타났다. 세 가지의 원뿔세포를 가진 것(3원색 색각)이 진화한 것이다. 영장류의 상당수는 나무에 올라가서 생활하기 때문에 열매나 잎을 먹는 일이 많았다. 그때 이른바 적록 색각이상인 상태에서는 붉은 열매와 녹색 잎(혹은 잘 익은 붉은 열매와 익지 않은 녹색 열매)을 구분하는 일이 쉽지 않았을 것이다. 그래서 원뿔세포의 종류를 늘린 것으로 보인다. 그러므로 우리의 눈은 4원색 색각에서 2원색 색각으로 줄었고, 거기에서 3원색 색각으로 늘어났다고 볼 수 있다.

색각뿐만 아니라 눈의 수도 저쪽으로 가기도 하고 이쪽으로 오기도 한다. 우리의 조상인 척추동물은 (적어도 파충류와 포유류가 같은 생물이었던 시기까지는) 눈이 3개였다. 머리 옆에 2개, 머리 위에 1개이다. 물속에서 살았던 우리의 조상은 머리 위의 눈으로 자신보다 위쪽을 헤엄치는 적이나 먹이를 보고 있었는지도 모른다.

지금도 칠성장어나 장지뱀(도마뱀의 일종)은 머리 위에 제3의 눈을 가지고 있다. 그러나 두정안(parietal eye)이라고 불리는 이 눈은 지금은 명암을 감지할 수 있을 뿐이다. 아마 하루의 흐름을 파악하는 데에 쓰이고 있을 것이다. 한편 인간은 두정안이 퇴화되었기 때문에 지금은 눈이 2개밖에 없다. 우리의 눈은 0개에서 3개로 늘었다가, 다시 2개로 준 것이다.

이처럼 진화는 일직선으로 진행되는 것이 아니라 전진하거나 후진하기도 한다. 그러므로 자신의 눈이 완성품이라는 이미지를 가지는 것은 이상한 일이다. "이상해도 사실인데 뭐, 우리의 눈은 훌륭한 완성품이야!"라고 자부할 수 있는 생물이 있다면, 그것은 인간이 아니라 조류일 것이다. 특히 독수리나 매의 눈은 우리의 눈보다 훨씬 더 성능이 뛰어나다.

우리의 눈은 미완성인가?

독수리나 매의 눈은 시각세포의 밀도가 매우 높다. 더구나 앞에서 말한 대로 원뿔세포가 네 종류나 있다. 우리의 눈보다 훨씬 더 우수하다. 그러나 조류의 눈이 우수한 이유는 더 있다.

카메라 눈이 있는 것은 척추동물뿐만이 아니다. 연체동물인 오징어나 문어에게도 카메라 눈이 있다. 그러나 척추동물과 오징어나 문어의 눈에는 큰 차이가 있다. 그것은 망막과 신경섬유의 위치 관계이다. 망막은 빛을 전기 신호로 바꾸고 신경섬유는 그 전기 신호를 뇌로 전달하는데, 그 망막과 신경섬유의 위치 관계가 다르다.

척추동물은 망막에서 안구 안쪽을 향해서 신경섬유가 나와 있다. 즉 망막의 빛이 닿는 쪽에 신경섬유가 나와 있는 것이다. 그런데 이 배치는 조금 이상하다. 빛이 오는 쪽에 신경섬유가 나와 있으면 빛을 가로막아서 방해가 되기 때문이다.

한편 오징어나 문어의 눈에서는 이런 이상한 일이 일어나지 않는다. 신경섬유가 망막의 빛이 닿지 않는 쪽에 있다. 아무리 생각해도 이쪽이 자연스럽지 않은가?

그러나 척추동물의 망막에도 좋은 점이 있다. 부피가 작아도 된다는 점이다. 망막의 안쪽에 신경섬유를 내놓으면 눈으로서의 성능은 떨어지지만, 안구의 부피는 작아진다.

같은 성능끼리 비교하면 어떨까? 한 연구에서는 그 경우에도 신경섬유를 안쪽으로 내놓는 쪽이 안구의 부피가 작을 것이라고 추측했다. 신경섬유를 안쪽으로 내면 성능은 조금 떨어지지만 그것을 보충하고도 남을 만큼 부피를 작게 만들 수 있다는 장점이 있다.

조류는 민첩하게 하늘을 날기 위해서 몸을 가볍게 해야 한다. 동시에 시력도 높여야 한다. 그럴 때에는 신경섬유를 안쪽으로 내는 편이 유리할지도 모른다. 우리처럼 지상을 걸어다니는 동물에게는 큰 상관이 없지만, 하늘을 나는 조류에게는 중요한 점이다. 우연히 조상으로부터 신경섬유가 안쪽으로 나와 있는 눈을 이어받은 조류는 행운아였는지도 모른다.

조류의 눈은 여러 가지 의미에서 우수하다. 만일 조류가 자신들을 중심으로 생각한다면, 조류의 우수한 눈을 완성품이라고 생각하지 않을까? 따라서 우리 인간의 눈은 미완성이라고 생각할지도 모른다.

그러나 실제로 진화에는 완성도 미완성도 없다. 아무리 완전하게 보였던 것도 환경이 바뀌면 쓸모가 없어지기도 한다. 모든 생물은 불완전하며, 그렇기 때문에 진화가 일어난다.

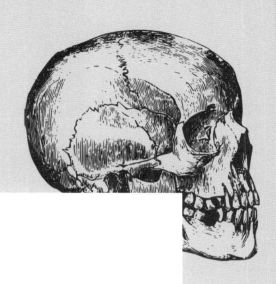

제 2 부

인류는 어떻게 인간이 되었는가

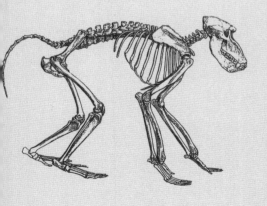

제 7 장

요통은 인류의 숙명

곤충과 척추동물

지구에는 다양한 생물들이 살고 있다. 전부 몇 종류나 있는지는 알 수 없지만, 학명이 붙어 있는 것만 치더라도 약 200만 종에 이른다고 한다. 실제로 지구에 있는 종의 수는 이보다 훨씬 많을 것이다.

그중에서도 곤충의 수는 약 100만 종에 이르러서, 전체 종 수의 절반을 차지한다. 그렇기 때문에 곤충을 현재 지구에서 가장 성공적으로 번성하고 있는 생물이라고 하기도 한다. 이렇게까지 번성한 이유 중의 하나는 날 수 있다는 점에 있다. 하늘을 날 수 있으면 포식자로부터 도망칠 수도 있고, 먹이나 짝짓기 상대를 찾는 데에도 편리하며, 다른 환경으로 퍼져나가는 것도 가능했기 때문이다.

그에 반해 척추동물 중에서 학명이 붙은 약 6만 종에 불과하다. 더구나 지금도 계속 새로운 종이 계속 발견되는 곤충과는 달리, 척추동물에서 새로운 종이 발견되는 경우는 극히 드물다. 척추동물은 어류, 양서류, 파충류, 조류, 포유류의 다섯 부류로 나눌 수 있는데, 특히 어류를 제외한 네 개의 무리(즉, 육상의 척추동물)의 새로운 종은 더 이상 발견되지 않고 있다. 참고로 척추동물 6만 종 중에서 절반 이상이 어류이다.

그러나 척추동물 역시 오늘날 지구에서 번성하고 있는 무리 중의 하나이다. 물론 종의 수만 놓고 보면 곤충을 따라잡을 수 없지만, 숫자만으로 비교하는 것은 조금 불공평하다. 척추동물은 몸집이 크기 때문이다. 지구의 크기에는 한계가 있고, 그 가운데 생물이 살 수 있는 공간에도 한계가 있다. 그러므로 몸집이 크면 클수록 그만큼 개체 수는 줄어든다. 그리고 개체 수가 적으면 자연히 종의 수도 적어진다.

그래서 종의 수가 아닌, 몸무게로 비교해보는 방법도 있다. 이스라엘의 이논 M. 바르온을 비롯한 연구자들이 2018년에 내놓은 가설에 따르면, 모든 척추동물의 무게를 합친 것은 모든 곤충을 합친 무게를 능가한다고 한다.[1]

---

1 Bar-On et al.(2018), "The biomass distribution on Earth", *PNAS*, 115, 6506-6511.

또한 곤충은 거의 육지에서만 살지만 척추동물은 육지에도 바닷속에도 넓게 서식한다. 추운 극지에서부터 적도까지, 또한 얕은 바다에서부터 심해까지 척추동물은 전 세계 바다에 서식하고 있다. 지리적으로는 곤충보다 척추동물이 훨씬 광범위하게 서식하고 있다는 이야기이다.

또한 곤충이 번성하는 이유 중의 하나로 비행 능력을 언급했지만, 척추동물 중에서도 날 수 있는 종이 있다. 하늘을 난다는 것은 상당히 어려운 일이며 동물의 오랜 역사 속에서 네 번밖에 일어나지 않은 진화이다. 그중에 한 번은 곤충이고, 나머지 세 번은 척추동물(익룡, 새, 박쥐)이다. 이런 점에서도 척추동물은 곤충에 뒤지지 않는다.

참고로 곤충과 척추동물 이외의 동물은 한번도 비상할 수 있도록 진화하지 않았다. 다만 활공하는 종들은 많이 있다. 비상이란 같은 고도에서 계속해서 나는 것이며, 활공이란 고도를 낮추면서 나는 것이다. 활공하는 동물로는 날다람쥐, 하늘다람쥐, 날도마뱀, 파라다이스 나무뱀, 날개구리, 날치, 비행 오징어 등이 유명하다.

이러한 사실에서 척추동물이 곤충보다 번성하고 있다고는 말할 수 없을지도 모르지만, 적어도 척추동물이 대단히 번성 중인 무리임이 분명하다고 할 수는 있다.

물고기에게 척추가 필요한가?

척추동물이 이렇게 번성하는 이유는 무엇일까? 척추가 있는 척추동물이 번성 중이라는 것은 결국, 척추 덕분에 번성하고 있다는 말이다.

우리 인간도 척추동물이기 때문에 척추를 가지고 있다. 척추는 우리의 몸을 지탱하고 있는 뼈로, 해부학에서는 '척주(脊柱)'라고 부른다. 목에서부터 시작되어 꼬리뼈에서 끝나는 하나의 막대기처럼 보이는 뼈이다. 그러나 실제로는 척추뼈라고 불리는 뼈가 32-35개(사람에 따라서 다르다) 연결되어 있다.

각각의 척추뼈는 앞부분과 뒷부분으로 나뉘고, 그 사이에는 빈 공간이 있다. 앞부분은 평평한 통조림 같은 모양으로 '척추뼈 몸통(추체)'이라고 한다. 뒷부분은 울퉁불퉁한 모양으로 '척추뼈 고리(추궁)'라고 한다. 그 사이의 공간은 '척추뼈 구멍(추공)'이라고 부른다. 이 척추뼈 구멍 안을 등골(척수)이라는 신경이 지나간다.

척추의 역할은 등골을 보호하고 우리의 몸을 지탱하는 일이다. 등골은 뇌와 함께 중추신경이라고 불린다. 중추신경은 매우 중요하며, 뇌는 두개골이, 등골은 척추가 보호하고 있다.

또한 척추가 없으면 우리는 일어설 수도 걸을 수도, 아니 앉을 수조차 없다. 그러므로 척추는 분명 우리 몸을 지탱한다고 말할 수 있다.

척추가 진화한 것으로 추측되는 캄브리아기로부터 벌써 5억여 년이 지났다. 약 5억 년이라는 오랜 시간 동안 척추동물은 척추를 계속 보유하고 번성의 길을 걸어왔다. 의심할 여지없이 척추는 매우 중요하지만 이상한 점도 있다. 5억 년 전의 척추동물은 모두 물고기였기 때문이다. 물고기에게 몸을 지탱하는 일이 그렇게 중요했을까?

바다에서 사는 해파리를 육지로 끌어올리면 중력에 의해서 그냥 젤리 덩어리처럼 변한다. 그런 흐물흐물한 해파리도 바닷속에 있으면 모양을 제대로 유지할 수 있다. 해파리조차 모양을 지킬 수 있는 바닷속에서 척추 따위가 왜 필요했을까?

최초의 뼈는 "저장고"였나?

그러나 생각해보면, 척추는 여러 가지로 쓸모가 있을지도 모른다. 그중에는 형태와는 상관없는 역할이 있을 수도 있다. 예를 들면 구성물질에 관한 것이 여기에 해당된다. 우리의 척추는 주로 인산칼슘으로 되어 있다. 척추뿐만 아니라 우리의 뼈나 치아도 인산칼슘으로 만들어졌다.

칼슘은 우리가 살아가는 데에 매우 중요한 역할을 한다. 신경세포가 정보를 전달하거나, 근육이 수축되거나 다쳤을 때 혈액을 응고시키거나 하기 위해서는 칼슘이 필요하다.

그러나 칼슘이 필요해서 칼슘이 많이 함유된 음식을 먹는 것은 이미 때늦은 일이며, 그런 음식이 늘 주변에 있으리라는 보장도 없다. 차라리 몸속에 칼슘을 쌓아두는 편이 낫다. 그래서 뼈는 칼슘의 저장고가 되었다. 무엇보다 칼슘의 99퍼센트가 뼈 속에 들어 있기 때문이다.

그래서 여러 호르몬이 골흡수(뼈에서 칼슘을 내놓는 것)나 골형성(뼈에 칼슘을 넣는 것)을 촉진시켜서 혈액 속의 칼슘의 농도를 조절하고, 필요한 조직 등에 칼슘을 분배한다.

앞에서도 설명한 대로 뼈의 성분은 인산칼슘이므로, 뼈는 칼슘 이외에 인산의 저장고이기도 하다. 실제로 뼈에 영향을 주어 혈중 칼슘 농도뿐만 아니라 인산의 농도까지 조절하는 호르몬도 있다. 아마 5억 년도 더 전에 생긴 최초의 뼈는 인산칼슘의 저장고였을 가능성이 높다.

척삭이 있으면 몸이 줄지 않는다

우리가 음식을 먹으면 그 음식은 식도와 위, 소장, 대장 등의 소화기관을 지나간다. 음식물이 지나가는 메커니즘을 연동 운동(peristalsis)이라고 하는데, 이는 음식물이 들어와서 소화기관의 굵은 부분에서부터 좁아진 부분으로 떠밀려 이동하는 운동이다. 소화기관의 굵어지거나 좁아지는 운동을 반복하면 음식물도 그 모양을 따라서 이동한다.

소화기관에는 2개의 근육층이 있는데, 안쪽은 환상근이고 바깥쪽은 종주근이다. 연동 운동을 하는 소화기관에는 굵은 부분과 가느다란 부분이 있는데, 일부를 가느다랗게 만드는 것은 간단하다. 그 부분의 환상근을 수축시키기만 하면 된다. 그렇다면 굵게 들기 위해서는 어떻게 하면 될까?

근육에는 수축하는 힘은 있지만 늘어나는 힘은 없다. 그러므로 그 부분의 환상근을 늘릴 수는 없다. 그러나 방법은 있다. 환상근이 아니라 종주근을 수축시키면 소화기관 벽이 출렁이면서 굵어진다. 즉 환상근을 수축시키면 소화기관은 좁고 길어지는 한편, 종주근을 수축시키면 소화기관은 짧고 굵어진다.

지렁이도 이 연동 운동의 원리로 이동한다. 환상근을 수축시켜 몸을 길게 해서 몸의 앞부분을 앞으로 나아가도록 한다. 그런 다음 종주근을 수축시켜 몸을 짧게 하고 몸 뒷부분을 앞으로 끌어당긴다.

그러나 이와는 다르게 움직이는 동물도 있다. 예를 들면 제6장에서 소개한 창고기가 그렇다. 창고기는 척추동물은 아니지만 척추동물에 근접한 동물이다.

동물은 약 35개 정도의 문(門)이라는 무리로 나뉘며 그중 하나가 척추동물문이다. 척추동물문은 또다시 3개의 아문(亞門)으로 나뉜다. 그것이 미삭동물아문과 두삭동물아문, 척추동물아문이며, 창고기는 이 가운데 두삭동물아문에 속한다.

창고기에게는 척추가 없지만 척삭은 있다. 척삭은 척추와 마찬가지로 몸의 앞뒤로 뻗어 있는 막대기 모양의 구조이다. 다만 척추처럼 광물화되지는 않았다. 섬유로 된 관 속에는 젤이 채워져 있다. 그러므로 척추만큼 딱딱하지는 않지만, 꽤 단단하다.

창고기의 몸에는 종주근은 있지만 환상근은 없다. 척삭이 있기 때문에 종주근만으로도 움직일 수 있다. 종주근을 수축시켜도 척삭은 수축되지 않기 때문에 몸은 줄어들지 않는다. 이는 몸의 오른쪽 종주근을 수축시키면 몸이 오른쪽으로 구부러지고, 왼쪽 종주근을 수축시키면 몸은 왼쪽으로 굽는다는 것을 뜻한다. 창고기는 이런 원리로 헤엄을 친다.

저장고에서 척추로

앞에서 언급한 것과 같이 척삭이 있어서 몸이 줄어들지 않았던 동물이 아마 척추동물의 조상일 것이다. 그런 동물이 인산칼슘을 저장하려고 할 때, 몸의 어디에 저장하면 좋을까?

어디가 가장 좋은지는 알 수 없지만, 일단 척삭을 저장고로 삼아도 별 문제는 없다. 아니, 오히려 강도가 강해져서 더 나을지도 모른다.

척삭을 인산칼슘의 저장고로 삼으면 또 한 가지 좋은 점이 있다. 인산칼슘은 단단하기 때문에 중요한 신경인 등골을 보호할 수 있다는 점이다.

캄브리아기의 화석을 살펴보면 원래 등골은 척삭 위에 있었던 것 같다. 즉, 척삭보다 등골이 등 표면에 더 가까웠다. 이런 상태에서는 등이 다치면 등골도 바로 손상을 입는다. 등골이라는 중추신경이 다치면 몸이 마비되어 자유롭게 움직이지 못할 수 있다. 그러나 인산칼슘으로 등골 위에 지붕을 만들면 등골을 보호할 수 있다. 그러면 등에 약간 상처를 입어도 등골이 손상되는 일은 없다.

앞에서 척추를 이루는 각각의 척추뼈는 앞부분(척추뼈 몸통)과 뒷부분(척추뼈 고리)으로 나뉜다고 했다. 이 뒷부분의 척추뼈 고리가 등골을 보호하는 지붕에 해당한다. 이 지붕은 대단히 중요하며, 척추뼈 몸통보다 앞서서 진화했을 가능성이 있다는 지적도 있다.

이렇게 척추가 진화해서 척삭을 대신해 헤엄치는 역할뿐만 아니라 등골을 보호하는 역할까지 하게 되었다. 더구나 척삭이 있었을 때보다 헤엄치는 능력이 더 우수해졌다. 뼈에 근육을 제대로 붙일 수 있고, 딱딱한 뼈가 근육의 움직임을 신속하게 전달할 수도 있기 때문이다.

척추는 이렇게 진화했다. 장어처럼 온몸을 비틀면서 헤엄치는 종도 있고, 참치처럼 꼬리 부분만 좌우로 흔들면서 헤엄치는 종

도 있지만 어찌되었든 척추는 헤엄치는 데에 매우 도움이 되는
구조임이 틀림없다.

곧추선 척추

척추가 진화한 지 무려 5억 년이 지났다. 상당히 오랜 시간이 지
난 것이다. 척추는 헤엄치는 데에는 편리했지만, 인간은 (평소에
는) 더 이상 헤엄치지 않는다. 그 대신 우리의 척추는 직립한 몸
을 지탱해준다. 물고기의 척추도 물고기의 몸을 물속에서 수평으
로 지탱하는 역할을 했을지 모른다. 그러나 똑같은 지탱이라도
육지에서 직립해 있는 우리의 몸을 지탱하는 역할이 훨씬 중요하
다. 즉 척추는 헤엄치기 위한 것에서 지탱하기 위한 것으로 역할
이 바뀐 셈이다.

물론 역할이 갑자기 바뀐 것은 아니다. 5억여 년 동안에 여러
가지 일이 있었다. 몸과 꼬리를 수평으로 움직여서 헤엄치던 물
고기의 일부가 육지로 올라와서 사지동물(四肢動物)이 되었다.
사지동물도 몸을 수평으로 움직여서 육지를 이동하기 시작했다.
양서류인 도롱뇽도, 파충류인 도마뱀이나 뱀도 몸을 수평으로 구
불거리며 이동한다.

사지동물의 일부가 포유류로 진화하면서 몸을 위아래로 움직
여서 땅 위를 다니기 시작했다. 달리는 치타의 등을 보면 위로

튀어 올라오거나 아래로 옴폭 들어가는 것을 알 수 있다. 척추를 유연하게 위아래로 구부리면서 달리는 것이다. 그리고 포유류의 일부가 인류로 진화했다. 그리고 그 인류가 직립 이족보행을 하기 시작하면서 척추는 곧추서게 되었다.

이처럼 척추동물은 자신의 필요에 따라서 척추를 다양하게 활용해왔다. 수평으로 구부리거나 수직으로 굽히거나, 직립시키면서 5억 년 이상이나 척추를 꾸준히 사용해왔다.

척추를 곧추세우고 부자연스러운 자세로 생활하면서부터 우리의 고통이 시작되었다는 설도 있다. 예를 들면 두 척추뼈 몸통 사이에는 '척추사이원반(추간판)'이라고 불리는 완충장치가 있는데, 많은 사지동물은 척추가 수평이라서 척추사이원반에 무리한 압력이 가해지지 않는다.

그러나 인류는 몸을 직립시키기 위해서 항상 척추사이원반에 압력을 가한다. 나이를 먹으면 척추사이원반 안의 젤 상태의 물질이 빠져나오기도 하는데, 그렇게 되면 척추사이원반 탈출증(디스크)이라고 불리는 증상이 생기고, 경우에 따라서는 등골을 압박해서 극심한 통증이 생기기도 한다. 이런 척추의 문제는 허리 부분에서 가장 많이 일어난다.

우리 인간의 척추는 7개의 목뼈, 12개의 등뼈, 5개의 허리뼈, 5개의 엉치 척추뼈, 3-6개의 꼬리뼈로 구성되어 있다. 인간의 허리뼈는 5개이지만 침팬지의 허리뼈는 4개밖에 없다. 그리고 침팬지의 골반은 세로로 길고, 아래 2개의 허리뼈를 양쪽에서 누르는 모양으로 되어 있다. 따라서 침팬지는 허리를 그다지 자유롭게 움직일 수 없다. 한편 인간의 골반은 세로로 짧기 때문에 5개의 허리뼈를 비교적 자유롭게 움직일 수 있다.

인간이든 침팬지든 허리뼈는 골반에서부터 앞쪽으로 사선 위를 향해 뻗은 모양이다. 그러므로 이대로 척추가 똑바로 뻗으면 앞으로 구부정해진다. 그래서 곧추서는 인간은 허리뼈를 뒤로 젖혀서 척추를 위로 향하게 해야 한다. 침팬지는 그렇게 할 수 없지만 인간의 허리뼈는 어느 정도 자유롭게 움직일 수 있기 때문에 이것이 가능하다.

이처럼 인간은 침팬지보다 허리뼈를 자유롭게 움직일 수 있지만 그로 인해서 발생하는 문제도 있다. 장난감도 팔을 움직일 수 있으면 그 부분이 망가지기 쉽지 않은가? 무엇이든 움직이는 곳은 약하다. 그래서 허리의 움직임이 그다지 자유롭지 않은 침팬지는 요통을 겪지 않지만, 인간은 요통을 겪는다.

그리고 허리뼈에 몸의 무게가 실리면 요통은 더욱 악화된다. 곧추선 척추는 당연히 아래로 갈수록 더 큰 무게를 떠받쳐야 한다. 허리뼈는 그 위에 얹혀 있는 무게를 고스란히 지탱해야 하므로 통증이 발생하기 쉽다.

척추의 부자연스러운 사용법

사지동물에게서 볼 수 있듯이, 원래 척추는 수평으로 되어 있다. 그럼에도 인간의 척추는 곧추선 모양이라서 여러 가지 문제점이 발생한다. 따라서 우리는 진화의 실패작이다. 그런 주장을 하는 사람들이 있는데, 과연 그 말이 사실일까?

생각해보면 사지동물도 척추를 자연스럽게 사용하지는 않는다. 척추는 본래 헤엄치기 위한 것이었기 때문이다. 아니, 물고기의 척추도 부자연스럽기는 마찬가지이다. 뼈는 본래 인산칼슘의 저장고였기 때문이다. 아니, 어쩌면 원래 척추가 있다는 것 자체가 부자연스러운 일일 수도 있다. 오랜 옛날에는 척추가 아예 없었으니까⋯⋯.

남의 떡이 더 커 보이는 법이지만, 사실 우리의 척추가 다른 동물의 척추보다 크게 부자연스럽게 움직이는 것은 아니다. 예를 들면 우리에게는 척추뼈가 32-35개나 있어서 만일 제각기 떨어지면 바르게 이어붙이기가 쉽지 않을 것 같지만 실제로는 그렇게까지 어렵지 않다.

그 이유 중의 하나는 각각의 형태가 상당히 다르기 때문이다. 또다른 이유는 척추뼈 몸통이 아래로 갈수록 조금씩 커지기 때문이다. 아래쪽 척추뼈 몸통일수록 큰 무게를 지탱해야 하기 때문에 크기가 크다.

또한 우리의 척추는 S자 모양의 곡선을 그리고 있다. 앞에서 허리뼈를 뒤로 젖힌다고 했는데, 여기서 곡선을 하나 그린 후 그 위에 등뼈가 앞으로 휘듯이 곡선을 그리고 있고, 그 위에는 또 목뼈가 뒤로 휘듯이 곡선을 그리고 있다. S자형 곡선은 우리에게만 있는 구조이다. 이는 우리가 직립하기 위해서 필요한 대응이었다. 구체적으로는 충격을 흡수하기 위해서인데, 달리거나 도약할 때에 발이 착지하는 순간의 충격을 흡수해준다. 똑바른 척추는 충격을 흡수할 수 없다.

냉정하게 말하자면, 척추가 곧추섰다는 것이 그렇게 큰 문제는 아닐 수도 있다. 한 예로 하마처럼 체중이 많이 나가면 네발로 걷더라도 인간보다 더 무리한 힘이 척추에 가해질 수 있다. 아니, 하마만큼 체중이 많이 나가지 않아도 치타처럼 격렬하게 척추를 튕기면서 전력 질주를 하면 척추에 상당히 무리가 갈 수밖에 없다.

어쩌면 우리의 요통의 주된 원인은 노화 탓인지도 모른다. 혹시 야생동물은 요통이 시작되기 전에 죽는 것이 아닐까? 요즘은 개와 같은 반려동물도 장수하는데, 그래서 그런지 노령이 된 반려동물은 체중이 가볍고 사족보행을 하고 있어도 척추에 문제가 생기는 경우가 많다.

왜 척추는 5억 년이나 사라지지 않았을까?

우리가 직립 이족보행을 하게 된 지 벌써 700만 년이 지났다. 형질이 진화해서 환경에 적응하기에 충분한 시간이다. 그리고 실제로도 잘 적응하고 있다. 척추뼈 몸통이 아래로 갈수록 커지고 있고, 척추의 모양은 S자가 되었기 때문이다.

그러나 이상한 점이 있다. 만일 척추가 어떤 중요한 역할을 하고 그 역할이 다른 것으로 대체될 수 없다면, 척추가 5억 년 넘게 존재하더라도 이상하지 않다. 그러나 척추의 역할은 뜻밖에도 계속 바뀌었다. 저장고였다가, 헤엄치거나 달리는 데에 도움을 주기도 하고, 지탱하거나 등골을 보호하기도 했다.

그중에서 가장 오랜 기간에 걸쳐 변하지 않은 역할은 인산칼슘의 저장고로서의 역할일지도 모른다. 그렇다면 굳이 척추가 아니어도 괜찮을 것 같다. 새우나 게처럼 몸 바깥쪽이 광물(이 경우에는 탄산칼슘)로 덮여 있어도 된다. 어쨌든 저장할 수만 있으면 되니까……

2017년에 도쿄 대학교의 이리에 나오키 팀이 이에 관한 연구 결과를 발표했다.[2]

이 연구 결과를 요약하면 생물의 형질은 유전자에 의해서 결정

---

2 Hu et al. (2017), "Constrained vertebrate evolution by pleiotropic genes", *Nature Ecology & Evolution*, 1, 1722−1730.

된다는 것이다. 그러나 하나의 유전자가 반드시 하나의 형질을 결정한다고는 할 수 없다. 하나의 유전자가 많은 형질에 관여하기도 하는데, 이런 유전자를 '다면발현 유전자'라고 한다(발현이란 DNA에서 RNA나 단백질이 만들어지는 것을 말한다).

다면발현 유전자는 한 번의 발현으로 여러 개의 형질에 관여하는 경우도 있다. 그러나 생물이 수정란으로부터 발생하는 과정에서 다른 시간대에 몇 번이고 발현해서 많은 형질에 영향을 주기도 한다.

이와 같은 다면발현 유전자가 돌연변이에 의해서 변이를 일으키면 발생 과정의 다양한 단계에서 변화가 일어나기 때문에 많은 생물이 사망한다. 따라서 다면발현 유전자는 장기간에 걸쳐서 변화하지 않고 보존되는 경향이 있다.

척추동물의 발생 과정 중에서 기관 형성기라고 불리는 시기가 있다. 신기하게도 기관 형성기에는 다양성 없이 어느 척추동물이나 발달 양상이 비슷했다고 알려져 있다. 그래서 이리에 팀은 척추동물의 유전자 발현 자료를 대규모로 분석해서 기관 형성기에 영향을 미치는 유전자를 조사해보았다. 그리고 기관 형성기에 관여하는 유전자에는 다면발현하는 것이 많다는 사실을 분명히 밝혔다. 척추가 생기는 시점도 이 기관 형성기이다.

어쩌면 척추가 5억 년 넘게 변화하지 않은 이유는 그 역할이 중요했기 때문이 아니라, 척추가 만들어지는 시기에 다면발현 유전자가 많다는 발생상의 제약 때문인지도 모른다.

만일 그렇다면 앞으로도 척추는 우리의 몸 안에 계속 존재할 것이다. 뇌가 크든 작든, 곧추선 자세를 유지하든 전처럼 사족보행으로 돌아가든, 우리는 언제나 계속 척추동물로 남아 있을 것이다. 아무래도 인류가 요통에서 벗어나기란 좀처럼 쉽지 않을 듯하다.

제 8 장

인간은 침팬지보다 "원시적인가?"

발 대신 손이 달려 있는 동물

우리에게는 다리가 4개 있다. 앞다리는 팔과 손이고, 뒷다리는 다리와 발이다. 어깨에서 손목까지가 팔이고 그 끝은 손이다. 마찬가지로 발목까지가 다리이고, 그 밑으로는 발이다.

그럼, 여기에서 사고실험을 해보자. 앞다리뿐만 아니라 뒷다리에도 손이 달려 있었다면 우리는 어떤 생활을 하게 되었을까? 발대신에 손이 달려 있다고 상상해보자.

아마 걸을 수는 있을 것이다. 손바닥을 땅에 대고 천천히 걷는데에는 별 문제가 없다. 그러나 엄지손가락이 조금 방해가 될지도 모른다. 우리의 손은 엄지가 다른 4개의 손가락과 마주보면서 무엇인가를 집을 수 있게 되어 있다. 그러나 평평한 땅바닥을 걸어간다면 딱히 잡을 것이 없기 때문에 엄지는 도움이 되지 않는다. 오히려 옆으로 튀어나와 있어 무엇인가에 걸려서 넘어지도록 만들지도 모른다. 그럴 바에는 차라리 엄지가 없는 편이 나을 것이다.

방해가 되는 것은 엄지뿐이 아니다. 다른 손가락에도 문제가 있다. 바로 달릴 때이다. 엄지 이외에 4개의 손가락은, 걸을 때에는 심하지 않지만 달릴 때에는 매우 방해가 된다. 손가락이 길면 잘 달릴 수 없기 때문이다.

바다에서 스노쿨링을 할 때에는 다리에 물고기의 지느러미 같은 큰 물갈퀴를 단다. 물갈퀴를 신고 바닷가를 걸어보면, 걸을 수는 있을지 몰라도 달릴 수는 없다는 사실을 알 수 있다. 엄지 이외에 4개의 손가락이 물갈퀴만큼 길지는 않지만 달릴 때에는 방해가 될 뿐이다.

이런 것은 상상일 뿐이지, 실제로 이런 기이한 생물은 있을 리가 없다고 생각할지 모른다. 그러나 그렇지 않다. 원숭이 무리를 '영장류'라고 하는데, 이들은 옛날에는 '사수류(四手類)'라고 불렸다. 말 그대로 "손이 4개 있다"는 뜻이다. 침팬지의 발 안쪽을 보여주고 "이것은 손입니까, 아니면 발입니까?"라고 물어보면, 많은 사람들이 "손이다"라고 대답할 것이다. 그 정도로 침팬지의 발은 손과 비슷하다. 적어도 인간의 발보다는 손과 닮았다.

그렇다면 왜 원숭이 무리는 발이 손과 비슷하게 생겼을까? 바로 나무에 오르기 위해서이다. 원숭이 무리의 대부분은 숲에서 살기 때문에 손뿐 아니라 발로도 가지를 잡을 수 있어야 나무에서 생활하기가 편리하다.

영장류 중에서 인간은 예외에 속한다. 인류는 손이 4개에서 2개로 줄어든, 이른바 '이수류(二手類)'이다.

덧붙여서 침팬지에 이르는 계통과 인간에 이르는 계통이 갈라진 후, 인간에 이르는 계통에 속하는 모든 생물을 '인류'라고 한다. 인류에는 많은 종이 포함되며, 인간도 그중의 하나이다.

침팬지의 손과 인간의 손

원숭이 무리는 사수류인데, 그중에서 이수류로 진화한 것이 바로 인류이다. 그렇게 생각하면 우리 인류가 특별한 존재인 것처럼 느껴진다. 흔한 사수류 중에서 극히 일부만이 이수류라는 드물고 특별한 존재로 진화했으니 말이다. 그러나 우리가 정말 특별한 존재일까?

우리 인간의 손과 침팬지의 손을 비교해보자. 양쪽 모두 손가락은 5개이지만 손가락의 길이나 굵기는 상당히 다르다. 침팬지의 엄지는 작고 가늘다. 그러나 다른 네 손가락은 우리보다 길고 굵다.

침팬지는 엄지의 길이와 다른 손가락의 길이가 상당히 다르다.

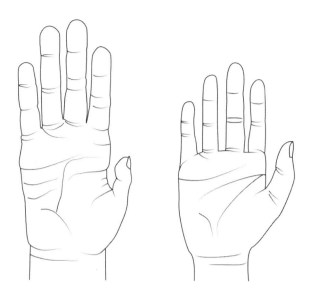

침팬지의 손(왼쪽)과 인간의 손(오른쪽)

그렇기 때문에 인간에 비해서 엄지와 다른 손가락을 마주보게 해서 물건을 집기가 수월하지 않다.

우리는 작은 물건은 보통 엄지와 검지 끝으로 집는다. 그러나 침팬지는 엄지에 비해서 검지가 너무 길어서 이 두 손가락의 사이로 물건을 끼우는 경우가 많다. 우리도 문의 자물쇠에 열쇠를 끼워서 돌릴 때면 이렇게 손가락을 쓰고는 한다. 그러나 그때에도 침팬지보다 열쇠를 더 세게 잡을 수 있다.

조금 큰 물건을 쥘 때에 우리는 엄지와 다른 네 손가락을 마주해서 꽉 쥔다. 그러나 침팬지는 엄지를 쓰지 않고 네 손가락으로 감싸듯이 쥘 때가 많다.

이처럼 물건을 쥘 때에는 침팬지가 우리보다 서툴다. 그렇다면 침팬지의 엄지 이외의 손가락은 왜 이렇게 길까?

그것은 아마 나뭇가지에 매달리기 위해서일 것이다. 손가락이 길면 가지를 감싸쥐기 쉽고, 쥐는 힘도 매우 세지기 때문에 오랫동안 나뭇가지에 매달려 있을 수 있다.

게다가 침팬지의 네 손가락은 길 뿐만 아니라 살짝 굽어 있기도 하다. 손바닥을 폈을 때에도 손가락을 조금 안으로 만 듯한 모양이다. 그렇기 때문에 손가락으로 나뭇가지를 감싸쥐기가 더 쉽다.

그러나 손을 안쪽으로 잘 구부린다는 말은 바꾸어 말하면 바깥쪽으로는 잘 젖히지 못한다는 뜻이다. 손목 안쪽의 근육이나 힘줄이 짧아져서 손목을 밖으로 젖힐 수 없기 때문이다. 침팬지가 독특한 보행을 하는 이유는 아마도 이런 이유 때문일 것이다. 침팬지는 가끔 두 발로 걷기도 하지만, 대부분은 네발로 걷는다. 네발로 걸을 때에 발 안쪽은 땅에 딛지만, 손바닥으로는 땅을 짚지 않는다. 손바닥을 가볍게 쥔 채로 손가락 바깥쪽을 땅에 대고 사족보행을 한다.

이러한 보행방법을 너클 워킹(knuckle-walking)이라고 하는데, 침팬지뿐만 아니라 보노보나 고릴라도 이런 방식으로 걷는다. 구체적으로는 손가락을 가볍게 구부리고, 엄지를 제외한 손가락의 제1관절과 제2관절 사이를 땅에 대고 걷는다(손가락 끝에서 가까운 관절부터 제1관절, 제2관절이라고 부른다). 참고로 오랑우탄은 너클 워킹을 하지 않는다. 조금 비슷한 보행이기는 하지만 너클 워킹은 아니다. 오랑우탄은 손가락뿐 아니라 발가락도 구부려서 주먹을 쥐고 손이나 발 바깥쪽을 마치 지면에 끄는 것처럼 걷는다.

우리의 손은 독특한가?

한편 우리의 손에는 나뭇가지에 매달리거나 너클 워킹을 하기 위한 특징이 없다. 예를 들면 이러한 행동에 도움이 되는 손목뼈의 보강구조가 (침팬지 등에게는 있지만) 우리에게는 없다.

또한 우리의 손에서 엄지 이외의 네 손가락은 침팬지보다 짧지만 엄지는 길고 튼튼하다(그래도 절대적인 길이는 엄지가 다른 네 손가락보다 짧지만). 따라서 엄지와 그 이외의 손가락 길이의 차이가 별로 없고, 엄지 끝과 다른 손가락 끝으로 물건을 잘 집을 수 있다.

더구나 튼튼한 엄지를 다른 네 손가락과 마주함으로써 조금 큰 물건도 손쉽게 집을 수 있다. 옛날에 우리의 조상은 석기를 만들었는데, 이를 위해서는 돌을 다른 돌에 부딪쳐야 했다. 그것도 세고 정확하게 부딪쳐야 했다. 따라서 돌을 꽉 잡을 수 있는 우리의 손은 큰 도움이 되었을 것이다.

이와 같은 손의 구조는 석기뿐만 아니라 다양한 도구를 만드는 데에도 틀림없이 유익했을 것이다. 그리고 그것이 오늘날 고도로 발달한 기술로 이어졌다고 생각하면 감개가 무량하다.

이렇게 보면 침팬지 같은 손에서 인간의 손이 진화했을 것 같지만 사실은 그 반대인 듯하다. 인간과 같은 손에서 침팬지 같은 손이 진화한 것으로 보인다.

이 순서는 인간과 침팬지의 가장 최근 공통 조상이 인간형 손을 가지고 있었는지, 침팬지형 손을 가지고 있었는지를 알 수 있으면 결론을 내릴 수 있다.

여기에서 잠시 가장 최근 공통 조상에 대해서 설명하기로 하자. 인간에 이르는 계통과 침팬지에 이르는 계통이 갈라진 것은 약 700만 년 전이라고 여겨진다. 이 700만 년 전에 살았던, 그야말로 인간과 침팬지가 갈라지기 직전의 생물이 인간과 침팬지의 공통 조상이다.

그러나 인간과 침팬지의 공통 조상은 이외에도 많이 있다. 약 700만 년 전의 공통 조상의 또 그 조상도 모두 인간과 침팬지의 공통 조상이기 때문이다. 인간과 침팬지의 공통 조상은 물고기 때에도 있었고, 세균이었을 때에도 있었을 것이다. 그래서 약 700만 년 전에 살았던 공통 조상만을 칭할 때에는 '최종'을 붙여

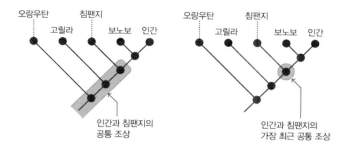

그림 8-1 공통 조상과 가장 최근 공통 조상의 차이

서 '가장 최근 공통 조상'이라고 부른다.

다시 돌아와서, 만일 인간과 침팬지의 가장 최근 공통 조상이 침팬지형 손을 가지고 있었다면 인간에 이르는 계통에서 침팬지형에서 인간형으로 진화가 일어났다는 이야기가 된다(덧붙여서 침팬지에 이르는 계통에서는 딱히 변화는 일어나지 않았다는 결론이 난다).

한편, 만일 가장 최근 공통 조상이 인간형 손을 가지고 있었다면 침팬지에 이르는 계통에서 인간형에서 침팬지형으로의 진화가 일어났다는 이야기가 된다(나아가 인간에 이르는 계통에서는 딱히 변화가 일어나지 않았다는 결론이 난다).

그렇다면 실제로는 어느 쪽이 정답이었을까? 그것을 추측하기 위해서 2개의 화석을 살펴보기로 하자.

"원시적"과 "파생적"

하나는 1948년에 발견된 프로콘술(proconsul)이라는 유인원의 화석이다. 프로콘술은 약 2,000만 년 전에 살았던 유인원으로, 전에는 침팬지의 조상이라고 생각되었다. 그러나 현재는 침팬지에 이르는 계통과 인간에 이르는 계통이 나뉜 시기를 약 700만 년 전이라고 보고 있다. 2,000만 년 전이라고 하면 침팬지에 이르는 계통과 인간에 이르는 계통이 갈라지기 전이다.

침팬지와 인류가 갈라지기 전에 살았고, 동시에 침팬지의 조상이라면 그것은 인류의 조상이기도 하다. 그래서 프로콘술은 인류와 침팬지의 공통 조상이거나, 혹은 그 유사종이라고 여겨졌다.

프로콘술은 나뭇가지에 매달리거나 너클 워킹을 하는 데에 안성맞춤인 구조를 갖추지 않았다. 즉 침팬지처럼 길고 구부러진 4개의 손가락이나 손목뼈의 보강구조를 갖추고 있지 않았다. 그렇기 때문에 프로콘술은 손바닥이나 발 안쪽을 지면이나 (나무 위에서는) 나뭇가지에 대고 네발로 걸었을 것으로 보인다.

또 하나의 화석은 약 440만 년 전에 살았던 아르디피테쿠스 라미두스라는 인류의 것이다. 아르디피테쿠스 라미두스는 비교적 초창기의 인류이며, 인류의 원시적인 특징을 가지고 있었다고 추측된다. 그러나 아르디피테쿠스 라미두스의 손에서도 나무에 매달리거나 너클 워킹을 하는 데에 적합한 구조는 찾아볼 수 없었다.

여기에서 "원시적"이라는 말을 사용했는데, 이는 '원시인'이라거나 '원시 시대'의 '원시'와는 의미가 다르다. 원시인이나 원시 시대의 '원시'는 '초기의'나 '미개의'라는 의미로 쓰인다. 그러나 생물의 진화에서 자주 사용하는 "원시적"이라는 말은 그런 뜻이 아니다.

자손이 조상과 다를 바 없이 같은 형질(특징)을 가지고 있을 때에 그 자손이 가지고 있는 형질을 "원시적인" 형질이라고 한다. 또한 자손이 조상과 다른 형질을 보유하고 있을 때에는 그 자손이 가지고 있는 형질을 "파생적인" 형질이라고 한다.

예를 들면 현존하는 사지동물(양서류와 파충류와 조류와 포유류)의 손가락은 모두 5개이거나 그보다 적다. 손가락이 6개 이상인 생물은 없다. 이는 현존하는 사지동물의 가장 최근 공통 조상의 손가락이 5개였기 때문으로 보인다. 손가락이 5개보다 적은 것은 원래는 5개였지만 거기에서 줄었을 것이다. 즉 오늘날 인간의 손가락은 가장 최근 공통 조상과 같은 5개이므로 원시적인 상태 그대로이다. 한편 현존하는 말의 발가락은 1개이므로 파생적이다.

다만 이 원시적, 파생적이라는 말은 상대적인 것이다. 현존하는 사지동물의 가장 최근 공통 조상보다 이전에 살았던 사지동물

중에는 손가락이 7개이거나 8개인 것도 있었다. 그들 척추동물의 가장 최근 공통 조상의 손가락이 몇 개였는지는 알 수 없으나, 8개였다고 생각해보자. 이 경우 인간의 손가락은 5개이므로 파생적이다.

즉 현존 사지동물의 가장 최근 공통 조상(5개 손가락)의 입장에서 보면 인간의 손가락(5개 손가락)은 원시적이지만, 사지동물의 가장 최근 공통 조상(8개 손가락)의 입장에서 보면 인간의 손가락(5개 손가락)은 파생적이다.

이쯤에서 이야기를 되돌려보자. 그리고 2개의 화석을 참고하면서 인간과 침팬지의 가장 최근 공통 조상이 어떤 손을 가지고 있었는지 생각해보자.

먼저 인간과 침팬지의 가장 최근 공통 조상이 침팬지형 손을 가지고 있다고 생각해보자. 그럴 경우 아르디피테쿠스 라미두스의 손에 침팬지형의 특징이 조금은 남아 있을 것 같다. 아르디피테쿠스 라미두스는 비교적 초기 인류이기 때문에 원시적인 특징이 아직 남아 있을 것이라고 생각되기 때문이다. 그러나 실제로는 침팬지형의 특징이 없다. 그렇기 때문에 인간과 침팬지의 가장 최근 공통 조상이 침팬지형 손을 가지고 있었을 가능성은 거의 없다.

나아가서 프로콘술의 화석이 있다. 프로콘술은 인간과 침팬지의 가장 최근 공통 조상보다 더 이전에 살았던 유인원이다. 프로콘술이 인간형 손을 가지고 있었기 때문에, 유인원은 원래 인간형 손을 가지고 있었을 가능성이 높다. 만일 그렇다면 침팬지의 손은 파생적이며 우리 인간의 손이 원시적이라는 이야기가 된다.

인간과 침팬지의 가장 최근 공통 조상

다만 "유인원이 원래 인간형 손을 가지고 있었다"라는 생각에는 한 가지 문제가 있다. 그 경우는 침팬지형 손이 따로따로 몇 번이나 진화해야 하기 때문이다. 인간형 손이 조상형이라고 할 경우, 침팬지나 고릴라, 오랑우탄 등에서 독립적으로 손의 형태가 변화해야 한다. 그런 일이 있을 수 있을까? 그것을 알아보기 위해서 다시 화석으로 돌아가자.

약 1,000만 년 전에 살았던 시바피테쿠스라는 유인원이 있다. 시바피테쿠스의 얼굴은 현존 오랑우탄과 비슷한, 독특한 형태이기 때문에 오랑우탄에 가깝다고 여겨진다. 침팬지나 고릴라 등의 다른 유인원에 이르는 계통과 오랑우탄에 이르는 계통이 갈라진 것은 약 1,500만 년 전으로 보인다. 그래서 시바피테쿠스는 오랑우탄이 침팬지나 고릴라와 나뉜 후의, 오랑우탄에 이르는 계통에 속한다고 간주된다. 아마 시바피테쿠스는 오랑우탄의 조상이거나 그와 가까운 유인원일 것이다.

오랑우탄은 앞에서도 언급한 대로 너클 워킹은 하지 않지만, 나뭇가지에 자주 매달리기 때문에 매달리기형 특징을 지니고 있다. 그런데 시바피테쿠스의 화석에는 매달리기형의 특징이 거의 없다.

시바피테쿠스를 오랑우탄의 조상형이라고 해석하면 오랑우탄의 매달리기 행동은 오랑우탄에 이르는 계통 속에서 진화한 것이다. 즉 침팬지나 고릴라와는 다른 진화의 길을 걸은 셈이다. 오랑우탄의 매달리기형 행동이 독립적으로 진화한 것이라면, 침팬지나 고릴라가 독립적으로 진화한다고 해도 이상하지 않다.

그렇다면 문제는 해결된다. 즉 인간형 손에서 침팬지형 손이 진화해도 이상하지 않다는 말이다. 파생적인 것은 침팬지의 손이며 인간의 손은 원시적인 것이 된다.

우리는 무의식 중에 자신이 특별한 존재이며 다른 유인원으로부터 엄청나게 진화했다고 생각하는 경향이 있다. 그리고 다른 유인원, 예를 들면 침팬지는 거의 진화하지 않았다고 치부한다. 그런 사고방식의 극단적인 예가 인간과 침팬지의 가장 최근 공통 조상이 침팬지와 꼭 닮은 생물이었다는 생각이다.

인간에 이르는 계통과 침팬지에 이르는 계통이 갈라진 이후 약 700만 년이 지났다. 그 사이에 침팬지의 계통은 거의 변하지 않고, 인간의 계통만 점점 바뀌었을 리가 없다. 양쪽 거의 비슷한 정도로 변화했을 것이다.

물론 인간에 이르는 계통에서 눈에 띄는 부분이 변화했다고 할 수는 있다. 뇌가 커지거나 체모가 없어지면 상당히 눈에 띄기 때문에, 그 영향이 컸을지도 모른다. 그러나 전체적으로 보면 인간에 이르는 계통도 침팬지에 이르는 계통도 비슷한 정도로 변화하고 있을 것이다. 그러므로 우리에게 침팬지보다 원시적인 점도 많다.

제 9 장

자연선택과 직립 이족보행

내일 일은 난 몰라

"돈이 있었으면 좋겠어? 그럼 100원 줄까? 하지만 돈을 받지 않고 하루만 기다리면……내일은 1억 원을 줄 텐데."

그런 말을 들으면 당신은 틀림없이 하루를 기다릴 것이다. 하루만 기다리면 100원이 1억 원으로 느는데, 기다리지 않을 사람이 어디에 있겠는가? 그러나 자연선택에서는 그런 일이 불가능하다. 내일의 일 따위는 염두에 두지 않는다. 오늘 100원을 받으면 그것으로 끝이다. 1억 원을 받을 기회를 눈 뜨고 놓치고 마는 것이 자연선택이다.

자연선택은 진화의 주된 메커니즘이다. 눈부시게 훌륭한 생물의 특징, 예를 들면 매가 시속 300킬로미터가 넘는 속도로 급강

하하거나, 수십억 종의 항체를 만드는 우리의 면역체계는 자연선택에 의해서 만들어진 것이다.

한편 자연선택은 미래를 예상하고 노력하지는 못한다. 자연선택은 생물을 적응도가 높아지도록(즉 자손을 많이 남길 수 있도록) 진화시키지만 이 "적응도가 높다"는 것은 "현재의 적응도가 높다"는 뜻이다.

인간은 두 다리로 걷는 동물이다. 인간처럼 몸을 똑바로 세우고 걷는 것을 '직립 이족보행'이라고 한다. 이 직립 이족보행이 자연선택의 결과로 진화한 것임은 의심할 여지가 없다. 즉 직립 이족보행을 하면 좋은 일이 있다는 뜻이다. 구체적으로 말하자면 직립 이족보행을 하면 양손이 자유로워지므로 음식을 자유자재로 나를 수 있는데, 그때는 이 점이 중요했던 듯하다.

그러나 의문이 전혀 없는 것은 아니다. 인류는 직립 이족보행을 하도록 진화했지만 그전에는 다른 원숭이나 유인원처럼 사족보행을 했을 것이다. 그렇다면 어떻게 사족보행에서 직립 이족보행으로 진화했을까? 그 과정은 어떠했을까?

사족보행에서 직립 이족보행으로 이행하는 과정 중에는 엉거주춤하게 앞으로 기울어져서 비틀비틀 걸었을까? 아니, 그렇지 않았을 것이다. 완전한 사족보행을 하거나 완전한 직립 이족보행을 하면 그 나름으로 적응도는 높아질 것이다. 육식동물이 왔을 때 도망가거나, 나무에 오르거나, 나뭇가지를 휘두를 수 있기 때문이다. 그러나 엉거주춤 비틀비틀하는 그 중간 단계의 걸음으로는 그런 행동을 제대로 할 수가 없다. 그러므로 사족보행이나 직립 이족보행보다도 엉거주춤 비틀비틀 걸음(이를 중요보행[中腰步行]이라고 부르기로 하자)을 하는 것이 육식동물에게 잡아먹힐 확률이 높다.

그렇다면 중요보행이 사족보행보다 적응도가 낮다. 따라서 자연선택에 의해서 사족보행에서 중요보행으로 진화할 리가 없다. 그렇다고 해도 중간 과정인 중요보행을 거치지 않고 완전히 사족보행을 하고 있는 부모에게서 갑자기 완벽하게 직립 이족보행을 하는 자식이 태어났을 리는 만무하다. 사족보행은 도대체 어떤 진화의 과정을 거쳐서 직립 이족보행으로 진화했을까?

큰 나무에 오르려면

굉장히 큰 나무에 오르는 모습을 상상해보자. 이 나무는 하늘을 찌를 듯이 높고 줄기도 매우 굵다. 너무 굵어서 줄기 표면이 둥그렇게 보이지 않는다. 물론 줄기는 원기둥이지만 너무 굵은 나머지 표면이 거의 평평하게 보인다. 이렇게 굵은 나무에 오르려면 어떻게 하면 좋을까?

다람쥐처럼 날카로운 발톱이 있다면 이런 큰 나무도 간단히 올라갈 수 있다. 예리한 발톱으로 줄기의 표면을 찍어서 점점 위로 올라갈 수 있기 때문이다.

그러나 인간의 손으로는 이런 큰 나무에 오르기가 어렵다. 손으로 줄기를 잡으려고 해도 너무 굵어서 잡히지 않기 때문이다. 우리를 포함해서 원숭이류의 손은 대개 엄지가 다른 4개의 손가락과 마주 보게 되어 있다. 이것을 '무지대향성(opposability)'이라고 한다(무지는 엄지를 말한다). 이와 같은 무지대향성은 나무에 오르기 위해서 진화했다고 보는 경향이 있지만, 나무가 너무 크면 우리와 같은 무지대향성을 가진 손보다 다람쥐의 예리한 발톱 같은 것이 더 도움이 된다. 그렇다면 우리의 손은 왜 무지대향성이 있도록 진화했을까?

그 해답을 얻기 위해서 나무를 조금 작게 축소시켜보자. 나무 기둥을 양손으로 잡을 수 있을 정도로 나무가 작으면 우리도 별 어려움 없이 나무에 오를 수 있다. 기둥 둘레를 완전히 팔로 감쌀 수 없어도 상관없다. 원숭이는 나무 기둥의 절반 정도만 팔로 감쌀 수 있으면 충분히 오를 수 있다.

이렇게 나무 위쪽으로 가면 갈수록 줄기가 점점 가늘어진다. 수평으로 뻗은 줄기 위로 나아갈 때에는 떨어지지 않도록 주의해야 한다. 즉 몸이 한쪽으로 치우쳐서는 안 된다. 그러나 아무리 조심을 해도 때로는 몸이 좌우로 치우칠 때도 있다. 그럴 때에는 "앗, 위험해!" 하며 얼른 몸의 균형을 다시 바로잡아야 한다. 이때, 예리한 발톱과 무지대향성을 가진 손 중에서 어느 쪽이 더욱 편할까?

눈앞에 10센티미터 굵기에, 길이가 1미터인 막대기가 서 있다고 치자. 이 막대기를 세운 채 빙글빙글 돌리고 싶다. 그럴 때에 발톱이 위에서 아래를 향하도록 손을 든 후 할퀴듯이 막대기 표면을 찍으면, 발톱이 걸려 있기는 해도 막대기를 생각대로 돌리기는 어렵다. 이럴 때에는 무지대향성이 있는 손이 훨씬 더 도움이 된다. 막대기를 잡아서 빙글빙글 돌리면 되니까 말이다.

나무의 줄기 위를 걷고 있을 때에 좌우로 기울어진 몸을 다시 세우는 움직임과 서 있는 막대기를 빙글빙글 돌리는 움직임은 기본적으로 같다. 몸이 움직이는지, 막대기가 움직이는지가 다를 뿐이다. 몸과 막대기의 관계는 같기 때문이다. 그러므로 수평적인 줄기 위에서 자세를 바로잡을 때에는 발톱보다 무지대향성이 있는 손이 도움이 된다. 가지가 굵다면 발톱도 괜찮지만 가늘수록 무지대향성이 있는 손 쪽이 더 편리하다.

그렇다면 가지가 더 가늘어지면 어떻게 될까? 나무가 너무 작으면 이번에는 가지가 꺾일 우려가 있다. 아무리 무지대향성이 있는 손으로 가지를 꽉 잡고 있어도 가지 자체가 부러지면 어쩔 수가 없다. 하나의 가지를 4개의 손발로 꽉 잡은 채 땅바닥으로 떨어지고 말 것이다. 가지를 부러뜨리지 않으려면 어떻게 해야 할까?

작은 나무에 오르려면

가는 가지를 부러뜨리지 않고 걷기 위해서는 하나의 가지에 거는 무게를 분산시키면 된다. 즉 하나의 가지를 4개의 손발로 잡는 대신 여러 개의 가지를 4개의 손발로 잡으면 안전하다. 그렇게 하면 하나의 가지에 가해지는 무게가 줄어서 가지가 부러질 가능성이 줄어든다. 이 경우 혹시 가지 하나가 부러져도 다른 가지에 매달려서 살 수도 있다.

이처럼 여러 가지에 매달려서 나무 위를 걸으려면 사족보행보다 이족보행이 편리함이 틀림없다. 예를 들면 뒷발로 가지 위를 걸으면서 앞발로 다른 가지를 잡을 수 있기 때문이다.

그런데 앞에서 나무가 작아지면 발톱보다 무지대향성이 있는 손이 더 편리하고, 가지가 더 가늘어지면 사족보행보다 이족보행이 더 편리해진다고 설명했다. 물론 이는 단순화한 이야기이며 현실적으로는 예외가 있을 수도 있다. 그러나 대략적으로는 이렇게 볼 수 있다.

그런데 나무와 동물의 크기는 상대적이다. 그러므로 나무가 작아지는 대신 동물이 커져도 결국 같은 이야기가 된다. 그리고 실제로는 나무가 작아진 것이 아니라, 동물이 커진 것 같다. 인류는 원숭이 무리 중에서 몸집이 꽤 큰 편에 속하기 때문이다.

앞의 장에서도 이야기한 초기의 인류, 아르디피테쿠스 라미두스는 나무 위에서 이족보행을 했을 가능성이 높다. 아르디피테쿠스 라미두스는 직립 이족보행을 했지만 엄지발가락은 다른 4개의 발가락과 떨어져 있어서 발로 가지를 잡을 수 있었기 때문이다. 즉 4개의 손발로 가지를 잡을 수 있었던 것이다. 체중이 50킬로그램인 아르디피테쿠스 라미두스가 나뭇가지 끝에 달린 열매를 먹으려고 할 때에 여러 개의 가지를 손발로 잡지 않았다면 나무는 부러졌을 것이다.

전에는 직립 이족보행이 초원에서 진화했다고 보았다. 그러나 그 경우, 사족보행에서 직립 이족보행으로 옮겨가는 과정에서 적응도가 낮은 중요보행의 단계를 거쳐야만 한다. 그러나 적응도가 높은 사족보행으로부터 적응도가 낮은 엉거주춤 비틀비틀 걸음이 자연선택에 의해서 진화했다고는 생각할 수 없다.

그러나 나무 위에서 이족보행이 진화했다면 이 문제는 해결된다. 몸이 비대해진 인류의 조상이 나뭇가지 끝의 열매를 먹으려고 하고 있다. 사족보행으로 하나의 가지 위를 걸어서 열매에 다가간다면 가지가 부러져서 땅에 떨어질지도 모른다. 그러나 중요보행으로 양손과 양발을 사용해서 여러 가지에 매달린다면 열매에 다가가도 가지가 부러지지 않아 열매를 무사히 따서 먹을 수 있을지도 모른다.

나무에서 떨어지지 않으면 열매도 먹을 수 있고 다치지도 않는다. 그러므로 나무에서 떨어질 확률이 적은 편이 적응도가 높아진다. 그렇다면 자연선택에 의해서 사족보행으로부터 중요보행으로의 진화가 일어난다.

사족보행으로부터 직립 이족보행으로 진화하기 위해서는 중요보행의 단계를 거쳐야 한다. 그러나 땅 위에서는 사족보행보다 중요보행이 적응도가 낮기 때문에 직립 이족보행으로 진화하지 않는다. 한편 나무 위에서는 (몸무게가 무거우면) 사족보행보다 중요보행이 적응도가 더 높으므로 직립 이족보행으로 진화할 가능성이 있다.

왜 침팬지는 아직도 사족보행인가?

침팬지나 고릴라와 같은 유인원은 "꼬리가 없는 원숭이"라고 불릴 때가 많지만, 체중이 무거운 원숭이이기도 하다. 특히 고릴라는 인간보다 무겁다. 체중이 무거우면 직립 이족보행으로 진화한다는 설이 맞다면, 왜 다른 유인원에게서는 직립 이족보행이 진화하지 않았을까? 왜 아직도 사족보행을 고수하고 있을까?

일본 에도 시대의 속담에 "바람이 불면 통장수가 돈을 번다"라는 속담이 있다. 이는 대략 다음과 같은 이야기이다.

주장 1   바람이 불면 흙먼지가 일어난다.
주장 2   흙먼지가 눈에 들어가면 실명한다.

주장 3 실명한 사람은 샤미센을 산다(일본에서는 앞을 보지
  못하는 사람들이 샤미센이라는 현악기를 연주하며 먹고
  살았다/옮긴이).

주장 4 (샤미센에는 고양이의 가죽이 쓰이기 때문에) 샤미
  센이 잘 팔리면 고양이가 줄어든다.

주장 5 고양이가 줄면 쥐가 늘어난다.

주장 6 (쥐는 통을 갉아먹기 때문에) 쥐가 늘어나면 통이
  망가진다.

주장 7 통이 망가지면 새로 산다.

주장 8 통이 잘 팔리면 통장수가 돈을 번다.

우스갯소리로 많이들 쓰는 표현이지만 조금 진지하게 생각해
보자. 과연 바람이 불면 통장수는 돈을 잘 벌까?

이 8개의 주장은 각각이 100퍼센트 근거 있는 말은 아니다. 흙
먼지가 눈에 들어갔다고 해서 반드시 실명하라는 법도 없고, 실
명한 사람이 모두 샤미센을 살 리도 없다.

그러니 각각의 주장이 실제로 일어날 확률을 80퍼센트라고 가
정해보자. 예를 들면 주장 3에서 실명한 사람이 100명일 때에 그
중에서 80명이 샤미센을 산다고 치자.

주장은 전부 8개 있으므로 돈을 벌 확률은 0.8을 8번 곱하면
얻을 수 있다.

$$0.8 \times 0.8 \times 0.8 \times 0.8 \times 0.8 \times 0.8 \times 0.8 \times 0.8 = 0.167\cdots\cdots$$

즉 통장수가 돈을 벌 확률은 약 17퍼센트이다. 그렇다면 돈을 벌지 못할 확률은 약 83퍼센트가 된다. 돈을 벌 경우보다 벌지 못하는 경우가 더 많은 셈이다.

생각해보면 아까 말한 "체중이 무거우면 나무 위에서는 사족보행보다 중요보행 쪽이 적응하기 쉬워서 결과적으로 직립 이족보행이 진화한다"는 이야기도 "바람이 불면 통장수가 돈을 번다"는 이야기와 마찬가지이다.

아니, 나무 위에서 직립 이족보행이라는 진화가 일어난다는 이야기가 말도 안 되는 것은 아니다. 실제로 아르디피테쿠스 라미두스가 손으로 나뭇가지를 잡으면서 나무 위를 걸어다녔을 가능성은 높다. 또한 나무 위에서의 이족보행(혹은 중요보행)이 없었다면 직립 이족보행으로 진화하지 않았을 가능성도 높다.

그렇다고 나무 위에서 이족보행을 하면 반드시 직립 이족보행으로 진화하는 것은 아니다. 나무 위에서 이족보행을 했던 많은 종들 가운데 직립 이족보행을 하게 된 종은 극히 일부에 지나지 않는다. 그런 의미에서 진화에 대한 설명은 통장수 이야기와 비슷하다.

예를 들면 "왜 다세포 생물이 진화했는가?"라는 질문에 대한 답으로 다세포 생물이 단세포 생물보다 우수하다는 점을 드는 사례가 많다. "다세포 생물이 되면 좋은 점이 이렇게 많습니다"라고 이야기한다. 그러나 그 말이 늘 100퍼센트 맞는 것은 아니다. 그 이론이 사실이라면 지구의 생물은 결국 모두 다세포 생물이 되고 단세포 생물은 하나도 남지 않게 될 것이다. 그러나 지금도 지구에는 다세포 생물보다 훨씬 더 많은 단세포 생물이 존재하지 않는가?

직립 이족보행을 하는 생물은 인류밖에 없다. 그러나 직립은 하지 않더라도 이족보행을 하는 원숭이나 유인원은 많이 있다. 나무 위를 이족보행하는 원숭이나 유인원도 많다. 약 700만 년 전에 그중의 1종이 직립 이족보행을 시작했다. 그것은 어쩌면 우리 인간이 아니라 다른 원숭이나 유인원이었을 수도 있다. 진화에서는 우연도 중요한 역할을 한다.

제 10 장

인류가 난산을 하게 된 이유는?

비겁한 박쥐와 골반의 모양

옛날에 짐승과 새가 전쟁을 하고 있었다. 그 모습을 지켜보던 박쥐는 짐승이 이길 것 같으면 짐승에게 다가가서 "나는 몸에 털이 났으니 짐승이에요"라고 말했다. 그런데 전세가 바뀌어 새가 이길 것 같으면 새에게 가서 "나는 날개가 있으니 새랍니다"라고 말했다.

이것은 "비겁한 박쥐"라는 이솝 우화의 앞부분이다. 그렇다고 박쥐를 비겁하다고 말하는 것은 가엽다는 생각도 들지만······.

진화에서는 새로운 것이 1부터 만들어지는 것이 아니라, 이미 있던 것이 여러 가지 다른 용도로 활용되기도 한다. 같은 박쥐라도 짐승으로 활동하기도 하고 새로 활동하기도 한다.

그러나 우리는 문득문득 그런 사실을 잊고는 한다. 박쥐가 짐승으로 활동하는 장면을 보면 그것만 기억에 남아, 다른 곳에서는 새로 활동하고 있다는 사실을 망각하고 만다.

우리 인간은 직립 이족보행을 하고 있다. 그러므로 우리는 직립 이족보행을 하기 위한 특징을 많이 보유하고 있다. 그 가운데 비교적 잘 알려진 두 가지를 들어보자.

첫 번째는 골반의 형태이다. 우리의 골반은 좌우로 길고 상하로 짧다. 우리가 다리를 뻗은 채로 다리를 옆으로 움직이는, 즉 허벅지를 벌리듯이 다리를 움직이는 운동을 '외전(外轉)'이라고 한다. 반대로 벌린 허벅지를 닫듯이 움직이는 운동을 '내전(內轉)'이라고 한다. 다리를 외전시키는 근육은 벌림근(외전근)이라고 불린다.

벌림근은 넙다리뼈(대퇴골)와 골반을 이어준다. 침팬지의 골반은 세로로 길고 가로로 짧다. 반면에 인간의 골반은 세로로 짧고 가로로 길다. 그렇기 때문에 우리는 골반의 좌우로 뻗은 부분에 벌림근을 제대로 연결할 수 있는데, 이 벌림근이 걸을 때에 중요한 역할을 한다.

예를 들면 우리가 걸으려고 왼발을 내디딜 때, 왼발은 지면에서 떨어진다. 그때 우리의 몸은 오른발에만 의지하고 있기 때문에 왼쪽으로 기울어지기 쉽다. 그러나 왼쪽으로 기울어지면 내디딘 왼발을 땅으로 끌어당겨 잘 걸을 수 없다.

이를 피하기 위해서 오른쪽 벌림근이 수축해서 골반 오른쪽을 끌어당긴다. 그러면 반대로 골반의 왼쪽이 올라가서 왼발을 땅에 끌지 않아도 된다. 우리의 골반은 좌우로 길기 때문에 이 벌림근을 제대로 이어줄 수 있다. 나아가 좌우로 긴 골반은 곧추섰을 때에 아래에서 내장을 떠받치는 바구니 같은 역할도 한다.

나아가 골반이 상하로 짧은 것도 직립 이족보행에 도움이 된다. 골반은 여러 개의 뼈로 구성되어 있지만 전체가 한 덩어리여서 거의 움직이지 않는다(임신 말기에는 골반 앞부분 뼈 사이의 결합이 조금 느슨해져서 산도를 크게 만든다). 따라서 움직이지 않는 골반을 상하로 짧게 하면 그만큼 척추가 움직일 수 있는 부분이 늘어난다. 직립 이족보행을 하기 위해서는 균형을 유지할 필요가 있기 때문에 척추가 움직이는 부분이 늘어나는 것이 좋다. 즉 골반이 상하로 짧은 편이 균형을 유지하기 쉽다.

직립 이족보행을 잘하기 위한 두 번째 특징은 무릎의 모양이다. 무릎은 넓적다리와 정강이를 이어주는 부분이다. 넓적다리 안에는 넙다리뼈가 하나 지나가고, 정강이 안에는 정강이뼈와 종아리뼈라는 2개의 뼈가 평행하게 지나가는데 체중을 주로 지탱하는 것은 정강이뼈이다.

정면에서 보았을 때, 많은 동물들은 다리가 아래로 똑바로 뻗어 있다. 넓적다리와 정강이도 몸에서 바로 아래로 뻗어 있다. 그러므로 정강이뼈와 종아리뼈도 똑바로 이어져 있다. 그러나 우리의 넓적다리는 조금 안쪽을 향해 뻗어 있는 한편, 정강이는 곧장 아래로 뻗어 있다. 따라서 (넓적다리인) 넙다리뼈와 (정강이 안에 있는) 종아리뼈는 비스듬하게 이어져 있다. 우리의 양다리는 앞에서 보면 Y자 모양이다.

이것도 직립 이족보행을 할 때에 도움이 된다. 예를 들면 우리가 왼발을 내디딜 때, 왼발은 지면에서 떨어진다. 그때 우리의 몸은 오른발로만 지탱된다. 이때 오른발이 몸의 바로 아래나 그 가까이에 있으면 몸이 별로 기울지 않는다. 우리의 양쪽 다리에서 넓적다리의 시작 부분은 서로 떨어져 있지만 무릎이나 발끝은 가까이 붙어 있다. 그렇기 때문에 양쪽 무릎이 서로 가깝게 지나고, 발끝을 앞으로 향하게 해서 똑바로 움직일 수 있는 것이다. 이렇게 해서 직립 이족보행을 해도 몸을 좌우로 흔들지 않고 자연스럽게 걸을 수 있다.

오스트랄로피테쿠스의 발자국

이처럼 뼈를 조사해보면 어느 정도 걸음걸이를 추측할 수 있지만 거기에는 한계도 있다. 그러나 발자국이 남아 있으면 그 한계를 극복할 수 있다. 발자국은 그야말로 행동이 고스란히 화석으로 보전된 것이기 때문이다.

인류 역사상 가장 오래된 발자국 화석은 탄자니아의 라에톨리

탄자니아의 라에톨리에서 발견된 인류의 발자국 화석 모형(제공: Momotarou2012)

에서 발견된 것이다. 발자국밖에 남아 있지 않기 때문에 어떤 종인지 확실하지는 않지만, 가까이에서 같은 시대의 오스트랄로피테쿠스 아파렌시스의 화석이 발견되었기 때문에 그 발자국도 오스트랄로피테쿠스 아파렌시스의 것일 가능성이 높다. 모든 연구자들이 동의하는 것은 아니지만 여기에서는 라에톨리의 발자국이 오스트랄로피테쿠스 아파렌시스의 것이라는 가정하에 이야기해보자.

오스트랄로피테쿠스 아파렌시스는 약 390만-290만 년 전에 살았던 인류이다. 제9장에서 나온 아르디피테쿠스 라미두스는 약 440만 년 전에 살았기 때문에 오스트랄로피테쿠스 아파렌시스가 그보다는 새로운 인류이다.

발자국을 보면 오스트랄로피테쿠스 아파렌시스는 지금의 우리

들과 거의 비슷하게 걸었던 것 같다. 발꿈치부터 땅에 내딛고 엄지발가락과 발목에 힘을 주어 발을 땅에서 뗀다. 그리고 똑바로 나아간다. 유인원처럼 비틀거리는 발걸음이 아니다.

현재의 인간이 실제로 걸어서 실험을 해보니, 무릎을 구부린 채 걸으면 발가락 끝이 깊이 파인 발자국이 남는다는 사실을 알 수 있었다. 그러나 라에톨리의 발자국은 발가락 끝과 발뒤꿈치의 깊이가 엇비슷했다. 이런 발자국은 무릎을 펴고 걸을 때에 생긴다. 따라서 오스트랄로피테쿠스 아파렌시스는 제대로 직립 이족보행을 했던 것으로 보인다.

그렇다면 이번에는 오스트랄로피테쿠스 아파렌시스의 **뼈**를 살펴보자. 이들의 무릎과 골반은 어떻게 생겼을까? 무릎에서는 정강이**뼈**와 종아리**뼈**가 비스듬하게 이어져 있었다. 즉 오스트랄로피테쿠스의 무릎은 Y자형으로, 몸을 좌우로 흔들지 않고도 걸을 수 있었다. 더구나 골반은 우리보다 상하로 짧고 좌우로는 더 컸다. 그 모양은 우리의 골반보다도 직립 이족보행에 적합한 듯이 보인다.

혹시 인류의 직립 이족보행은 오스트랄로피테쿠스 아파렌시스 때에 가장 발달한 이후, 점점 퇴화한 것일까? 우리는 오스트랄로피테쿠스 아파렌시스보다 제대로 걷지 못하는 것일까? 이 점을 생각해보기 위해서 조금 다른 각도에서 골반을 살펴보자.

인류는 왜 출산의 고통을 겪나?

예전 인류의 뼈가 발견되었을 때에 그 뼈가 남성의 것인지, 여성의 것인지는 (전문가라면) 골반을 보면 알 수 있다. 우리는 남녀가 골반의 모양이 다르다는 사실을 당연하게 생각한다. 여성의 골반은 아기를 낳을 수 있도록 남성과는 그 모양이 다르다는 것이다. 그러나 우리와 마찬가지로 새끼를 낳는 포유류 중에도 수컷과 암컷의 골반 모양이 별 다를 바 없는 종도 꽤 있다. 순산을 하는 종은 새끼를 낳는다고 해서 특별한 골반이 필요하지 않다. 반면 우리 인간은 포유류 중에서도 가장 난산을 하는 종이므로 골반에도 나름의 장치가 필요하다.

우리가 난산을 하는 원인은 두 가지이다. 첫 번째는 직립 이족보행이다. 직립 이족보행을 하려면 균형을 잡아야 한다. 그러기 위해서 우리의 척주는 앞에서 볼 때에는 똑바르지만 옆에서 보면 S자형의 곡선을 그리고 있다. 덧붙여서 원숭이나 유인원의 척주는 뒤로 부풀어오르는 듯한 하나의 큰 곡선을 그리고 있을 뿐, S자는 아니다.

우리의 척주는 예를 들면 허리 부근(자궁의 바로 뒤)에서는 앞을 향해서 부풀고, 반대로 그 아래(산도의 바로 뒤)에서는 뒤를 향해서 부푼 듯한 곡선을 그리고 있다. 그렇기 때문에 인간의 아기는 태어날 때에 몸을 S자로 구부려야 한다. 이것이 난산의 원인이 된다.

더구나 직립 이족보행을 하고 있기 때문에 우리의 장기들은 아래쪽으로 중력을 받는다. 가만히 두면 골반의 구멍을 통해서 장기들이 빠져버린다. 이에 따라서 장기들이 떨어지지 않도록 근육이 잘 발달했지만, 이 근육이 출산 시에는 방해가 된다. 이것도 난산의 원인 중의 하나이다.

난산의 두 번째 원인은 태아의 머리 크기이다. 우리는 뇌가 크기 때문에 산도를 통과하기가 여간 힘겨운 것이 아니다.

오스트랄로피테쿠스 아파렌시스는 앞에서 이야기한 대로 직립 이족보행을 하고 있었으므로, 난산의 원인인 첫 번째에 대해서는 오늘날의 우리와 같다. 그러나 다른 한편으로 오스트랄로피테쿠스 아파렌시스의 뇌는 약 450cc 정도로 별로 크지 않았다(인간은 약 1,350cc, 침팬지는 약 400cc). 그러므로 오스트랄로피테쿠스 아파렌시스에게는 난산의 두 번째 원인이 없었다.

오스트랄로피테쿠스 아파렌시스도 난산의 두 가지 요인 가운데 하나는 보유하고 있었으니 조금은 출산이 고통스러웠을지도 모른다. 그래도 태아의 머리가 작으면 큰 어려움은 없었을 것으로 보인다. 그렇다면 골반이 진화를 할 때에 출산의 고통에 대해서 별로 대처할 필요도 없었을 것이다. 그렇기 때문에 직립 이족보행에 도움이 되는 형태로 비교적 자유롭게 진화할 수 있었는지도 모른다.

그러나 태아의 머리가 커지면 보통 일이 아니다. 오스트랄로피테쿠스 아파렌시스의 골반은 앞뒤가 짧기 때문에 골반 속의 구멍도 앞뒤가 짧은 타원형이다. 그렇기 때문에 인간 아기의 머리 크기라면 빠져나오지 못할 것이다.

한편 인간의 태반은 오스트랄로피테쿠스 아파렌시스의 골반을 좌우로 조금씩 짓눌러서 그만큼 앞뒤로 부풀린 모양이다. 따라서 위에서 보았을 때에 오스트랄로피테쿠스 아파렌시스의 골반 구멍은 타원형이지만 인간은 원형에 가깝다. 그 결과, 태아의 머리가 커도 어떻게든 골반을 통과할 수가 있다.

그렇다면 이런 생각은 어떨까? 골반을 아주 크게 만드는 것이다. 그렇게 하면 골반이 좌우로 퍼져서 벌림근이 닿을 자리가 생기고, 직립보행을 잘할 수 있다. 더구나 골반의 구멍도 커져서 난산도 피할 수 있다. 그야말로 일석이조이다. 그러나 이 또한 불가능한 이야기이다.

골반은 걸을 때에 수평면상을 조금 회전한다. 골반의 오른쪽이 앞으로 가기도 하고 왼쪽이 앞으로 가기도 한다. 그런데 골반이 커지면 그를 위해서 써야 하는 에너지가 많아져서 걸음걸이가 느려진다. 빨리 걷거나 달리기 위해서는 골반이 약간 작은 편이 좋으므로, 골반을 함부로 크게 만들 수는 없다.

저쪽을 세우면 이쪽이 서지 않는다

이처럼 골반은 직립 이족보행을 하는 데에도, 출산에도 (그리고 아마 더 다른 일에도) 대처를 잘 해야 한다. 직립 이족보행하는 데에는 유리하더라도 출산에 불리하다면 그것이 진화를 할지, 조금만 진화할지, 아니면 아예 진화하지 않을지는 사안에 따라서 다르다.

원래 어떤 형질이 하나에만 도움이 되는 일은 있을 수 없다. 틀림없이 많은 방면에 도움이 되고, 그와 동시에 많은 일에 방해가 된다. 그러므로 진화를 한 방향에서만 바라보면 본래의 모습은 보이지 않는다.

그런데 우리 인간과 오스트랄로피테쿠스 아파렌시스 중에서 실제로 어느 쪽이 더 잘 걸을까? 오스트랄로피테쿠스 아파렌시스는 팔보다 다리가 짧아서 큰 보폭으로 걸을 수 없었다. 또한 우리보다 뼈가 가늘고 약해서 장거리를 힘차게 걸을 수도 없었고, 엄지발가락도 우리만큼 앞을 향해 있지 않았다.

침팬지처럼 다른 4개의 발가락이 확실히 떨어져 있지 않기 때문에 걷는 데에 별로 방해는 되지 않았을 것이다. 그렇지만 엄지는 조금 옆을 향하고 있었다. 그래서 오스트랄로피테쿠스 아파렌시스는 아르디피테쿠스 라미두스보다는 직립보행을 잘했지만 우리 인간만큼은 아니었다.

그러나 우리의 골반을 보면 우리도 직립 이족보행에 서투르다고 생각할 수 있다. 하지만 생각해보면 골반의 역할은 직립보행에만 있는 것은 아니다. 출산 등 그밖에도 여러 가지에 도움이 된다.

또한 반대로 직립 이족보행과 상관이 있는 특징은 골반에만 있는 것이 아니다. 다리 등 다른 기관에도 여러 가지 특징이 관여하고 있다. 이처럼 사물을 한쪽 측면에서만 보면 잘 보이지 않는 부분도 있다.

제 11 장

생존 경쟁인가, 멸종인가?

인간 대 말의 마라톤

영국 웨일스에서는 1980년부터 매년 인간과 말의 마라톤 대회를 개최하고 있다. 총 35킬로미터의 코스를 수백 명의 인간과 수십 마리의 말이 달려서 우승을 겨룬다.

단거리 경주라면 말이 압도적으로 이길 것이 뻔하기 때문에 불공평하다. 그러나 장거리는 이야기가 다르다. 인간과 말의 마라톤에서는 상당히 흥미진진한 경기가 펼쳐진다. 그래도 우승은 매년 말이 했다. 그런데 드디어 인간과 말의 마라톤이 시작된 지 25년째인 2004년에 인간이 우승을 거두었다. 휴 롭이라는 사람이 2시간 5분 19초로, 2분 이상의 차이로 말보다 먼저 골인을 한 것이다. 그 뒤로 이 경주에서 말을 이기는 사람이 하나둘씩 나타

2006년에 열린 인간과 말의 마라톤 장면(제공 : Jothelibrarian)

나기 시작했다.

물론 인간은 보통 혼자서 달리는데 말은 인간을 태우고 달리므로 불리하다. 그래도 말이 인간에게 달리기로 지다니 정말 놀랍지 않은가?

사슴이나 소 등 많은 포유류는 장시간 동안 계속 달리면 체온이 지나치게 올라가서 그 이상은 달릴 수 없다. 몸에 털이 있다는 것도 그 이유 중의 하나이지만, 땀을 조금밖에 흘리지 않는 것도 큰 이유이다.

한편 우리 인간은 체모가 별로 없는 데다가 체온을 내리기 위해서 땀도 흘린다. 이로 인해서 체온이 잘 오르지 않고 장거리 경주에 적합하다. 인간 이외의 동물 중에도 인간처럼 체온을 내리기 위해서 땀을 대량으로 흘리는 동물이 있다. 바로 말이다.

그러므로 사람이 다른 동물과 마라톤을 할 경우 말이 가장 강한 적수이다. 인간은 그런 말과도 막상막하의 승부를 펼쳐서 때로는 이기기도 한다. 이는 그밖의 대부분의 동물은 장거리에서 인간을 도저히 이기지 못한다는 뜻이다.

인간은 "쫓아가는" 데에는 선수이다

걷는 것과 달리는 것은 다르다. 인류가 걷기 시작한 것은 아마 인류가 탄생했을 무렵인 약 700만 년 전일 것이다. 그러나 달리기 시작한 것은 그보다 훨씬 후인 호모 에렉투스 시대일 가능성이 크다. 호모 에렉투스는 약 190만~10만 년 전에 살았던 인류이다.

약 440만 년 전의 아르디피테쿠스 라미두스는 아마 달리지 않았을 것이다. 발가락이 길어서 달릴 때에 거추장스럽고, 엄지가 다른 발가락과 떨어져 있어서 달리면 무엇인가에 걸려서 넘어졌을지도 모른다.

약 390만–290만 년 전의 오스트랄로피테쿠스 아파렌시스는 발가락이 상당히 짧고 엄지도 다른 발가락과 그다지 떨어져 있지 않았으므로 달릴 수 있었을 것 같다. 그러나 달리는 데에 중요한 엉덩이 근육(큰볼기근)이 발달하지 않았고, 그래서 거의 달리지 못했을 것이다.

그때 호모 에렉투스가 등장했다. 호모 에렉투스는 발가락이 짧고, 엄지도 다른 발가락과 떨어져 있지 않았고, 엉덩이 근육도 컸다. 여기에 더해서 체모도 별로 없었을 수도 있다.

유전적인 연구에 따르면, 인류의 피부색이 검어진 것은 약 120만 년 전으로 추정된다. 체모가 사라지면 자외선이 직접 피부에 와닿는데, 그러면 자외선으로부터 피부를 지키기 위해서 멜라닌 색소가 늘어서 피부가 검어진다. 따라서 피부가 검어진 시기는 체모가 사라지던 시기와 일치한다고 볼 수 있다.

다만 이는 어디까지나 추측일 뿐이므로, 120만 년 전이라는 숫자는 별로 신경 쓰지 않아도 좋을 것 같다. 체모가 사라진 것은 호모 에렉투스 시대라는 정도로만 알아두면 좋겠다.

덧붙여서 호모 에렉투스는 반고리관이 크다. 반고리관은 귀 안쪽의 중이(中耳)에 있다. 평행 감각이나 회전 감각을 담당하는 곳으로, 달릴 때에 중요한 기관이다. 이것은 두개골 안의 공동에 들어 있어서 화석에서도 확인이 가능하다. 이 반고리관이 오스트랄로피테쿠스는 작고, 호모 에렉투스(와 인간)은 크다. 아마 호모 에렉투스는 우리처럼 머리를 일정 높이로 유지한 채 달릴 수 있었을 것이다. 한편 반고리관이 발달하지 않은 오스트랄로피테쿠스는 달리면 머리가 흔들려서 잘 달리지 못했을 것이다.

이처럼 호모 에렉투스 이후 우리 인류는 달릴 수 있었다. 잘 달리지는 못하지만 뒤쫓는 것은 잘하게 되었다. 그것은 우리가 단거리 경주는 잘하지 못하지만, 장거리 경주는 잘하기 때문이다.

만일 사자나 하이에나에게 쫓기면 우리가 그들로부터 도망갈 수 있다는 희망은 거의 없다. 아무리 전력으로 질주해보아도 대부분의 육식동물은 그 두 배 이상의 속도로 쫓아오기 때문이다.

그러나 반대로 우리가 쫓아간다면 이야기는 달라진다. 확실히 소도 사슴도 전력 질주하면 우리보다 빠르다. 그래서 쫓아간다고 해도 처음에는 우리를 떼어내고 점점 멀리 도망간다. 그러나 언제까지나 전력 질주를 할 수는 없다. 소나 사슴이 아무리 멀리 도망가도 모습이 보이는 한 우리는 추적을 멈추지 않는다. 아니, 모습이 보이지 않아도 발자국이 남아 있으면 역시 쫓아갈 수 있다.

이는 장거리 경주라면 인간이 말에게 이길 수도 있다는 뜻이다. 말만큼 장거리를 달리지 못하는 소나 사슴은 분명히 우리의 추적을 벗어나지 못한다. 소나 사슴을 장시간 달리게 해서 피로나 심장마비로 쓰러뜨리면 우리는 그것으로 호화로운 식사를 즐길 수 있다.

게으른 호모 에렉투스

호모 에렉투스는 그때까지의 인류보다 다리가 길고, 엉덩이 근육도 발달했다. 즉 뼈나 근육이 달리는 데에 적응했다. 사실 이것과 관련해서 다윈의 자연선택설이 이상하다는 의견이 있다.

뼈나 근육의 형태나 크기는 유전만으로 결정되는 것이 아니다. 운동선수처럼 자주 사용하면 발달하고, 별로 사용하지 않으면 위축된다. 그 예로 몸이 마비되어 움직이지 못하게 되면 뼈의 양도 줄어드는 것을 들 수 있다.

그러므로 호모 에렉투스의 몸이 달리기에 적합했던 이유는 그런 유전자를 가지고 있었던 데에도 있지만, 그런 행동을 하고 있었다는 것과도 관련이 있어 보인다.

게으른 호모 에렉투스가 있었다고 치자. 이 호모 에렉투스는 어릴 때부터 달리기를 매우 싫어해서 일어서는 일도 거의 없고, 늘 뒹굴뒹굴하면서 근처에 있는 열매를 따서 먹었다.

이 게으른 호모 에렉투스에게 자연선택이 작용하면 어떤 호모 에렉투스로 진화할까? 늘 뒹굴거리고 있었으니 달리는 데에 도움이 되는 돌연변이가 일어나도 확산되지는 않을 것이다. 오히려 심장을 작게 하는 돌연변이가 퍼질지도 모른다. 운동도 하지 않는데 크고 강한 심장을 굳이 가지고 있는 것은 낭비이기 때문이다. 또한 다리뼈가 가늘어지고 근육이 발달하지도 않을 것이다.

따라서 주변 환경이 같더라도 게으른 호모 에렉투스와 달리기를 매우 좋아하는 호모 에렉투스는 다른 진화의 길을 걸어갈 것이다.

그래서 어느 영국의 연구자는 다음과 같은 주장을 했다(다만 이런 생각을 한 것은 그녀뿐만이 아닌 듯하다).

(1) 행동이 변화하면 그와 같은 행동을 잘할 수 있는 유전자가 유리해져서 그 수가 증가한다. 즉 어떤 행동을 하는가에 따라서 진화의 방향이 달라진다.

(2) 따라서 진화는 다윈이 말하는 것처럼 "이미 변이가 있고 생존 경쟁의 결과 유리한 변이가 남는다"는 호전적이고 수동적인 것이 아니라, "행동에 따라서 진화의 방향이 정해진다"는 평화롭고 주체적인 것이다.

생존 경쟁의 진실

위의 의견을 한번 검토해보자. 정말 다윈은 틀렸을까? 다윈의 진화설에 대해서 흔히 하는 오해는 두 가지이다. 하나는 다윈의 진화설이 호전적이라는 것이고, 또 한 가지는 수동적이라는 것이다. 그렇기 때문에 평화롭고 주체적인 진화론이라는 것이 어느 시대에나 유행하고는 한다.

우선 주장 (1)과 (2)에 대해서 생각해보면 (1)은 맞다. 그러나 (2)는 뉘앙스가 조금 이상하다. 이런 예를 들어보자. 숲과 초원이 있었다. 숲에는 사슴이 살았고, 초원에는 말이 살았다. 말과 사슴은 다투는 일 없이 평화롭게 더불어 살았다. 그럴 경우 다윈이 말하는 생존 경쟁은 일어난 것일까?

물론 일어났다. 생존 경쟁은 반드시 피를 흘리는 다툼을 의미하는 것이 아니기 때문이다. 한 부부가 평균 두 마리밖에 새끼를 낳지 않는 생물이 있다고 치자. 그런 생물은 반드시 멸종한다. 왜냐하면 사고나 병으로 죽는 개체가 한 마리도 없다는 것은 있을 수 없는 일이기 때문이다. 이 경우 몇 마리는 반드시 사고나 병으로 죽고, 다음 세대의 개체 수는 반드시 줄어든다. 그런 일이 지속되면 언젠가는 분명 멸종한다. 그렇기 때문에 적어도 사고나 병으로 죽는 수를 보충할 수 있을 정도로는 자손을 많이 만들어야 한다.

그래서 모든 생물은 자손을 많이 낳는다. 만일 (현실에서는 그런 일이 없겠지만) 부모들이 모든 자식이 어른이 될 때까지 그들을 기르고, 그 자식들이 또 자식을 낳으면 점점 개체 수는 증가하게 된다. 그러나 지구의 넓이나 자원에는 한계가 있기 때문에, 즉 지구에는 정원이 있기 때문에 정원을 모두 채운 후의 개체들은 살아갈 수 없다. 의자 뺏기 게임으로 생각해보면 지구에는 제한된 수의 의자밖에 없고, 어떤 방법을 쓰더라도 의자에 앉을 수 없는 개체가 반드시 나타나는 것이다. 따라서 의자의 수보다 한 마리라도 더 많은 자식을 낳는다면 생존 경쟁은 자동적으로 일어난다.

생존 경쟁이란 지구에서의 의자 뺏기 게임이며, 어떤 생물이든 모두가 참여하고 있다. 만일 생존 경쟁을 하지 않는 생물이 있다면 지구는 벌써 그 생물로 가득할 것이다. 그러므로 생존 경쟁을 하지 않는 생물은 있을 수 없으며, 생존 경쟁을 생각하지 않는 진화론도 있을 수 없다.

물론 생존 경쟁은 비유일 뿐 피비린내 나는 투쟁을 말하는 것이 아니다. 다윈 또한 생존 경쟁이라는 말이 그런 인상을 줄 것을 염려하며 몇 번이나 "생존 경쟁이라는 것은 그저 비유일 뿐"이라고 했다. 그는 『종의 기원』에서 평화롭게 지저귀는 작은 새들도 생존 경쟁을 하고 있다고 말했다.

평화롭게 떼를 지어 살아가는 생물들을 보면 생존 경쟁이 일어나고 있다는 사실을 간과하기 쉽다. 그러나 생존 경쟁은 일어나고 있다. 왜냐하면 생존 경쟁을 한다는 것은 그 안에 천수를 다하지 못하고 죽는 생물이 있다는 사실을 의미하기 때문이다. 앞에서도 말했듯이, 천수를 누리지 못하고 죽는 개체가 없는 생물은 없다. 그런 생물은 멸종하거나 무한하게 늘어나거나 둘 중의 하나이다.

다원의 진화론에 대한 오해

다윈의 진화론에 대한 또 한 가지 오해는 진화론이 수동적이고 주체성이 없다는 것이다. 확실히 "생물은 어떤 환경에 적응하도록 진화한다"라는 말을 들으면 진화는 수동적인 것이라는 생각이 든다. 그러나 실제로는 생물의 행동으로 진화의 방향이 바뀌는 경우도 있다. 이렇게 생물이 주체적으로 진화의 방향을 바꿀 수 있다는 점에서 다윈의 진화론은 이상하다는 생각이 들기도 한다.

그러나 다윈은 원래 하나의 종이었던 자손들의 행동이 여러 가지로 다양해짐에 따라서 다른 장소로 퍼져간 후에 각기 진화해갈 가능성에 대해서도 언급했다. 그리고 그것이 종의 분화로 이어진다고도 생각했다. 행동에 의해서 진화의 방향이 바뀔 가능성도 염두에 두었던 것이다.

그리고 무엇보다 중요한 것은 비생산적인 환경이 변화하든, 주변의 생물이 변화하든, 진화의 당사자인 생물의 행동이 변화하든 이미 있었던 변이 중에서 유리한 것이 선택되어 확산된다는 생각이다. 이 사실은 바뀌지 않는다. 그것이 다윈이 생각한 자연선택이다. 따라서 "행동에 의해서 진화의 방향이 변화한다"는 것은 이미 다윈이 말한 자연선택의 하나의 형태이며, 자연선택설 안에 포함되어 있다고 말할 수 있다.

호모 에렉투스는 달리기 시작했다. 달리기에 적합한 몸의 구조는 유전과 "달리는" 행동, 이 두 가지로 만들어졌다. 그리고 달리는 행동 때문에 인류의 진화의 방향이 크게 바뀌게 되었다. 일상적으로 육식을 할 수 있게 되면서 영양분을 충분히 섭취할 수 있게 되고 뇌가 커지는 길이 열린 것이다.

제 12 장

일부일처제는 절대적이지 않다

인류가 유인원에서부터 갈라진 이유

우리 인류가 침팬지에 이르는 계통과 이별한 것은 약 700만 년 전으로 추측된다. 갈라진 이유는 인류가 일부일처라는 짝짓기 방식을 선택했기 때문이라는 설이 있다. 그러나 이 설에 대해서 아래와 같은 반론이 많이 제기된다.

"인류의 본질이 일부일처라니 믿을 수 없다. 남자가 바람을 피우면 자식을 많이 낳을 수 있으니 일부다처가 인류가 본래 추구하는 모습이 아닐까? 게다가 지금도 일부일처가 아닌 사회도 있지 않은가?"

얼핏 들으면 그럴듯한 주장이지만, 이상한 점도 있다. 잠시 이 반론에 대해서 검토해보자.

우선 일반론이다. "수컷과 암컷이 나뉘어 있는 생물의 경우, 수컷은 많은 정자를 만들지만 암컷은 정해진 수의 자식밖에 낳지 못한다. 따라서 수컷은 되도록 많은 암컷과 교미를 해서 자식을 많이 낳으려는 경향이 있다." 여기까지는 일반론으로서 틀림이 없다.

그렇다고 "일부다처가 원래의 모습이다"라고 결론짓는 것은 바람직하지 않다. 그렇다면 수컷과 암컷이 있는 생물은 자연선택의 결과로 모두 일부다처가 될 것이기 때문이다. 그러나 실제로는 그렇지 않다. 생물의 행동은 그렇게까지 단순하지 않다.

그러니 다음으로 "인류가 다른 유인원으로부터 갈라진 이유는 짝짓기 방식이 일부일처가 되었기 때문이다"라는 설을 간단히 소개하겠다.

인류가 침팬지와 크게 다른 점으로는 두 가지가 있다. 직립 이족보행을 한다는 점과 송곳니가 작다는 점이다. 화석 기록을 살펴보면 이 두 가지는 거의 동시에 진화한 듯하다. 그것은 약 700만 년 전, 즉 인류가 다른 유인원으로부터 갈라진 시점이다. 따라서 이 두 가지의 특징이 인류라는 생물을 탄생시켰을 가능성이 높다.

직립 이족보행의 이점은 몇 가지 생각할 수 있는데, 그중 하나는 "양손이 비었으니 음식을 운반할 수 있다"는 것이다. 그러나 직립 이족보행은 인류 이전에는 진화하지 않았다. 아마 직립 이족보행으로는 빠르게 달릴 수 없다는 치명적인 단점 때문일 것이다. 이 단점이 다른 이점보다 컸기 때문에 직립 이족보행은 진화하지 않았을 것이다. 아무리 음식을 손으로 운반해도 운반하는 도중에 육식동물에게 잡아먹히면 아무 소용이 없다.

그런데 인류에게는 직립 이족보행의 이점이 단점보다 컸기 때문에, 지구 역사상 최초로 직립 이족보행이 진화했다. 그리고 그것은 송곳니가 작아진 것과 연관이 있을 가능성이 높다.

송곳니는 왜 없어졌을까?

송곳니가 작아졌다는 것은 바꾸어 말하면 옛날에는 송곳니가 컸다는 뜻이다. 요컨대 큰 송곳니는 덧니이다. 인류의 조상에게는 송곳니가 있었지만, 우리가 인류로 진화하면서 사라졌다.

송곳니가 왜 사라졌는지를 생각하기 전에 애초에 왜 송곳니가 있었는지를 생각해보자. 침팬지에게는 큰 송곳니가 있다. 그리고 침팬지는 작은 원숭이를 공격해서 잡아먹기도 한다. 그러나 침팬지의 먹이 중에서 고기가 차지하는 비율은 많지 않고, 어디까지나 주식은 열매이다. 그럼에도 침팬지에게는 큰 송곳니가 있다. 그러므로 이는 먹이를 잡기 위한 송곳니가 아니다. 사자나 늑대의 송곳니와는 용도가 다르다.

침팬지는 다부다처로 무리를 짓는다. 무리 안에는 여러 마리의 수컷과 여러 마리의 암컷이 있고, 이들이 난혼(亂婚) 사회를 형성한다. 그렇기 때문에 암컷을 둘러싼 수컷끼리의 다툼이 빈번히 일어난다. 이때 이 송곳니를 사용한다. 이것으로 상대방을 죽이는 일도 종종 일어난다.

그러나 인류에게는 송곳니가 없다. 그래서 텔레비전 드라마 속 범인은 사람을 죽이면서 상당히 고전한다. 범인은 총이나 칼, 꽃병과 같은 흉기를 사용해야 한다. 침팬지는 물어뜯기만 하면 되는데 말이다.

그렇다면 왜 인류에게서 송곳니가 사라졌을까? 큰 송곳니(덧니)를 만드는 데에는 작은 송곳니를 만드는 것보다 더 많은 에너지가 필요하다. 그만큼 많이 먹어야 한다. 그러므로 만일 송곳니를 쓰지 않으면 송곳니를 작게 하는 편이 에너지가 절약된다. 따라서 송곳니를 사용하지 않으면 자연선택에 의해서 송곳니는 작게 변할 것이다.

따라서 인류는 송곳니를 별로 쓰지 않게 되었다고 추측할 수 있다. 아마 암컷을 둘러싼 투쟁이 별로 없었을 것이다. 인류는 침팬지보다 평화로운 생물이다. 더불어 앞에서 말한 아르디피테쿠스 라미두스나 오스트랄로피테쿠스 아파렌시스 등의 초기 인류도 초식이었다. 만화에서 원시인이 큰 뼈를 휘두르며 사냥을 하는 장면을 자주 보게 되는데, 초기 인류는 그렇지 않았다.

그렇다면 왜 인류의 수컷들 사이에서는 암컷을 둘러싼 투쟁이

격심하지 않았을까? 수컷과 암컷 사이의 관계에서 무엇인가가 변한 것일까?

현존하는 유인원 중에서는 오랑우탄과 많은 고릴라들이 일부다처, 고릴라의 일부와 침팬지는 다부다처 무리를 이룬다. 일부다처나 다부다처 사회에서는 암컷을 둘러싼 수컷들의 싸움을 없애기가 힘들다. 한 마리의 암컷에게 동시에 여러 마리의 수컷들이 모이기 때문이다.

한편 일부일처 사회에서는 암컷을 둘러싼 수컷의 투쟁이 일부다처나 다부다처 사회보다 심하게 일어나지 않는다. 따라서 약 700만 년 전의 인류는 일부일처적인 사회를 형성한 후 수컷끼리의 투쟁이 완화되면서 송곳니가 작아졌을 가능성이 있다.

그러므로 일부일처 사회를 가정하면, 송곳니가 작아진 이유를 설명할 수 있다. 또한 직립 이족보행이 어떻게 시작되었는지도 설명할 수 있다.

직립 이족보행과 중간적인 사회

직립 이족보행을 하면 양손이 자유로워지기 때문에 "먹을 것을 나를" 수 있지만, 걸음이 늦어진다는 단점이 이점보다 더 커서 직립 이족보행은 (인류 이전에는) 진화하지 않았을 것이라고 설명했다. 그러나 만일 짝짓기 체제가 일부일처로 변화함으로써

"먹을 것을 나른다"는 이점이 더 커지면, "달리기 속도가 느리다"는 단점을 만회할지도 모른다. 그럴 때에는 직립 이족보행으로의 진화가 일어난다.

먹을 것을 나름으로써 득을 보는 것은 누구인가? 물론 나르는 본인에게도 득이 될 것이다. 땅 위에서 먹을 것을 찾아 그 자리에서 느긋하게 먹고 있으면 육식동물이 공격해올지도 모르기 때문에 먹이를 운반해서 나무 위에서 먹는 편이 낫다. 그러나 운반하는 당사자보다 더 득을 보는 사람이 있다. 바로 앉아서 먹이를 받아먹는 쪽이다.

예를 들면 새끼는 스스로 먹을 것을 찾으러 가기가 힘들기 때문에 먹을 것을 가져다주면 새끼에게는 큰 이익이 된다. 그리고 이 이익의 분배는 짝짓기 방식에 따라서 변화한다.

만일 유인원 집단의 한 마리(수컷이라고 하자)에게 돌연변이가 일어나서 그 수컷이 직립 이족보행을 시작했다고 치자. 이 수컷은 양손이 자유롭기 때문에 암컷이나 새끼들에게 먹을 것을 손으로 날라줄 수 있다. 그러자 그 새끼는 음식을 받아 먹지 못한 새끼보다 살아남을 확률이 더 높아졌다.

여기까지는 다부다처나 일부다처, 일부일처에서도 마찬가지이다. 그러나 그 다음이 다르다. 우선 일부다처인 경우, 수컷이 새끼를 기르는 데에 참여할 것이라고는 생각되지 않는다. 새끼가 많아서 양육은 암컷에게 전적으로 맡기기 때문이다. 그러니 일부다처는 제외하고 다부다처와 일부일처로 생각해보자.

다부다처인 경우, 수컷은 누가 자신의 새끼인지 알 수 없다. 따라서 직립 이족보행으로 먹을 것을 가져와서 생존율이 높아진 새끼가 누구의 자식인지 모른다. 즉 평균적으로 생각하면 자신의 새끼와 남의 새끼의 생존율에 차이가 없기 때문에 자신의 유전자를 이은 자신의 새끼가 살아남으리라는 보장이 없다. 따라서 직립 이족보행을 하는 개체는 늘지 않는다. 그 결과 직립 이족보행으로의 진화는 일어나지 않는다.

한편 일부일처는 어떨까? 짝을 맺은 암컷이 낳은 새끼는 자신의 자식일 확률이 높다. 따라서 직립 이족보행으로 먹을 것을 날라와서 생존율이 높아진 새끼는 대개 자신의 자식임이 틀림없다. 따라서 자신의 유전자를 이어받은 자신의 새끼가 살아남기가 쉬워진다. 결과적으로 직립 이족보행을 하는 개체가 증가한다. 즉 직립 이족보행으로의 진화가 일어나게 된다.

이처럼 일부일처 사회를 가정해보면 직립 이족보행과 작은 송곳니라는 두 가지 특징을 설명할 수 있다. 그렇지만 이 이론을 지지하는 증거는 모두 간접적이다. 그 점이 이 이론의 취약점이다. 그러나 현시점에서는 유력한 설임이 틀림없다.

다만 이 설이 맞다고 해도 초기 인류 사회에 처음부터 완전한 일부일처 사회가 성립했다고는 생각하기 힘들다. 일부 개체에서 혹은 일시적으로 일부일처적인 쌍이 형성된 중간적인 사회가 있었을 것이다.

그러나 불완전한 일부일처 사회라도 직립 이족보행은 진화한다. 비록 아주 조금이라도 남의 자식보다 내 자식의 생존율이 높아지면 직립 이족보행은 진화하는 것이다. 우리는 "모 아니면 도"라는 식으로 극단적으로만 생각하는 경향이 있지만 실제로는 그 중간적인 상태가 대부분이다.

인류의 본질이란

고대 그리스의 철학자 플라톤은 이데아를 제창했다. 예를 들면 삼각형은 3개의 직선으로 둘러싸인 도형이지만, 실은 그러한 것은 존재하지 않는다. 종이에 삼각형을 그려도 그것은 진정한 삼각형이 아니다. 직선은 원래 굵기가 없지만 종이에 그린 직선에는 굵기가 있다.

더구나 종이에 그린 직선은 자세히 보면 똑바르지 않고 끝이 들쭉날쭉 삐뚤다. 그런 선 3개로 둘러싼다고 해서 그것이 삼각형이 될 수는 없다. 유감스럽게도 현실 세계에는 이와 같이 불완전한 삼각형밖에 존재하지 않는다. 한편 완벽한 삼각형은 어딘가 다른 세계에 존재한다. 이 완벽한 삼각형 같은 것을 이데아라고 부른다.

이 장의 맨 앞에서 언급한 반론의 앞부분은 "인류의 본질이 일부일처라니 믿을 수 없다"는 것이었다. 확실히 인류의 본질이라고 하면 이데아 같은 것인가 하는 생각이 든다. 그러나 인류에게 본질이라는 것이 있을까?

본질이라고 하면 어딘가 불변할 것 같은 인상이 있다. 표면적으로는 변해도 본질은 변하지 않을 것 같다. 그러나 생물의 몸은 모든 부분이 계속 진화한다. 즉 모든 부분이 변화한다. 그러므로 생물의 몸에는 진정한 의미에서 불변하는 부분이 없다.

불변하는 곳은 없지만 그래도 좀처럼 변하지 않는 곳은 있다. 예를 들면 유전자로서의 DNA는 약 40억 년 동안이나 계속 사용되었다. 이 정도면 본질이라고 불러도 될지 모르지만, 과연 일부일처를 인류의 본질이라고 해도 될까?

인류는 짝짓기 방식이 일부일처이기 때문에 다른 유인원과 갈라져서 독자적인 진화의 길을 걷기 시작했을 가능성이 높다고 앞에서 설명했다. 그러나 그것이 맞다고 해도 벌써 700만 년이나 전의 이야기이다. 700만 년이나 시간이 흐르면 당연히 여러 가지가 변한다.

특히 일부일처나 일부다처, 다부다처 등의 짝짓기 방식은 비교적 변하기 쉽다. 고릴라의 예를 들어보자. 고릴라는 서부 고릴라와 동부 고릴라 두 종으로 나뉘는데, 동부 고릴라는 또다시 동부 로랜드고릴라와 마운틴고릴라라는 두 아종으로 나뉜다. 동부 로랜드고릴라는 일부다처 집단을 형성하지만, 마운틴고릴라는 다부다처 집단에서 생활한다. 이처럼 같은 종이라도 사는 곳에 따라서 다른 짝짓기 방식이 진화하기도 한다. 그렇다면 다른 많은 종들이 포함된 700만 년 인류의 역사 가운데 짝짓기 방식이 변하는 일은 충분히 있을 수 있다.

그러므로 일부일처가 인류의 불변의 본질이라고 단언할 수는 없다. 일부일처의 짝짓기 방식이 정착되었기 때문에 인류가 다른 유인원으로부터 갈라져 나왔다는 설이 맞더라도 그것은 초기 인류가 일부일처 사회를 형성했다고 주장하는 것일 뿐, 현대인에 대해서는 아무런 언급도 하지 않기 때문이다.

그렇다면 실제로는 어떨까?

유인원과의 비교

유인원과 비교함으로써 인간에게 일부일처가 적합한지 아닌지 생각해보자. 우선 몸의 크기이다.

일부다처 사회를 이루는 고릴라나 오랑우탄은 암컷보다 수컷의 몸집이 훨씬 크다. 체중으로 비교해보면 고릴라의 수컷은 암컷의 거의 두 배이다. 다부다처 사회를 이루는 침팬지나 보노보는 수컷이 암컷보다 몸이 조금 더 크다. 일부일처 사회인 긴팔원숭이는 수컷과 암컷의 몸의 크기가 거의 동일하다. 우리는 여자보다 남자가 조금 크기 때문에 침팬지나 보노보에 가깝다. 즉 그런 점에서는 인간은 다부다처 동물에 가깝다.

정소의(몸의 크기에 대해서 상대적으로) 크기에 대해서도 생각해보자. 침팬지나 보노보는 정소가 상당히 크다. 이는 암컷이 일정 기간 교미하는 수컷의 숫자와 관계가 있다고 한다. 암컷이 여러 마리의 수컷과 교미를 하면 암컷의 몸에서 각 수컷들의 정자들이 경쟁을 한다. 이때, 정자가 많은 쪽이 경쟁에서 유리하므로 정소가 크게 진화한 것이다.

한편 일부다처 사회를 이루는 고릴라는 정소가 작다. 이는 수컷 고릴라가 대부분의 암컷과 교미하면서도 다른 수컷과 정자 경쟁을 할 일은 적기 때문인지도 모른다. 그리고 일부일처인 긴팔원숭이도 정소는 작다. 인간의 정소는 중간 정도이거나 작다. 그러므로 어느 쪽인가 하면 일부일처나 일부다처이지 다부다처는 아니다.

이와 같은 정보를 종합해볼 때, 인간이 어떤 혼인 형태에 적합한지를 정하기는 쉽지 않다.

난산과 사회적 출산

그렇다면 초기의 인류와도 비교를 해보자. 우리는 초기의 인류와 무엇이 다를까? 직립 이족보행이나 작은 송곳니는 인류의 공통되는 특징이기 때문에 초기 인류와 현생 인류 둘 모두에게 해당한다. 한편 뇌의 크기는 상당히 다르다. 초기 인류의 뇌는 대체로 400cc 정도로 침팬지와 큰 차이가 없다. 그러나 현생 인류의 뇌는 대체로 1,350cc 정도로 침팬지의 세 배 이상이다. 초기 인류와 현재 우리 사이의 가장 큰 차이는 아마 뇌의 크기일 것이다. 그렇다면 뇌의 크기가 커지면서 짝짓기 방식이 달라졌을 가능성이 있을까?

뇌가 커짐으로써 진화한 특징 중의 하나는 난산이다. 난산에 대해서는 제10장에서도 논했다. 간단히 요약하면 인류는 직립 이족보행을 함으로써 난산을 하게 되었는데, 뇌가 커지면서 난산이 더욱 심해졌다는 것이었다. 인간은 모든 포유류를 통틀어 출산할 때에 가장 큰 고통과 위험을 감수하는 종의 하나이다.

인간이 언제부터 출산의 고통을 겪게 되었는지는 분명하지 않다. 다만 약 40만–4만 년 전에 살았던 네안데르탈인이 출산 시에 고통을 겪었다는 사실은 화석 연구를 통해서 거의 확실해졌다. 이 설에서는 골반 모양을 근거로 호모 에렉투스(약 190만–10만 년 전) 역시 이미 고통을 겪었다고 보았다. 결국 우리 인간이 30만 년 전에 아프리카에서 태어났을 때에 이미 출산이 고통스러웠다는 사실은 분명하다.

출산 시에 고통이 컸기 때문에 아기를 낳을 때에는 누군가가 옆에서 거들어주는 경우가 많았다. 요즘은 의료기관에서 출산을 하는 경우가 대부분이지만, 옛날에는 아이를 낳는 여성의 어머니나 자매, 친척 여성 등이 거들어주는 것이 보통이었다. 이처럼 출산 중에 누군가가 동석하는 사회적 출산은 단순히 문화적인 것이 아니라, 수십만 년 전부터 이어진 생물학적 현상의 결과일 가능성이 있다.

예를 들면, 일본원숭이는 웅크리고 앉아서 출산을 한다. 새끼를 낳을 때에 중력의 힘을 빌리는 것이다. 그리고 새끼는 얼굴을 어미가 보기에 앞을 향한 자세로 산도에서 나온다. 어미는 웅크린 채 양손을 뻗어 새끼의 얼굴을 잡고 산도에서 나오는 것을 돕는다. 그리고 새끼가 나오면 그대로 팔로 안아올린다.

한편 인간의 출산은 일본원숭이보다 훨씬 더 힘들다. 그렇기 때문에 산도에서 나오는 아기의 머리를 잡아당기고 싶어진다. 그러나 인간의 아기는 어머니가 보기에 뒤를 향한 자세로, 즉 등을 위로 한 채로 산도에서 나오기 때문에 만일 어머니가 아기의 얼굴을 잡아당기면 아기의 목이 뒤로 젖혀지면서 부러질 우려가 있다. 그래서 인간은 다른 누군가가 아기를 받아줄 필요가 있으며, 어머니는 그 누군가가 받아서 건네주어야 비로소 아기를 안아볼 수 있다.

이처럼 아기를 낳는 방법은 문화적인 차이를 넘어서는 생물학적인, 즉 인류 공통의 것이라고 생각할 수 있다. 따라서 사회적 출산은 수십만 년 전부터 시행되었을 가능성이 있다.

인간의 아기는 손이 가장 많이 간다

이렇게 태어난 아기에게도 특징이 있다. 매우 무력하다는 것이다. 그렇기 때문에 인간의 아기는 태어난 후에도 상당 시간 누군가가 돌봐주어야 한다.

더구나 인간은 짧은 출산 간격으로 자녀를 낳을 수 있기 때문에 무력한 아기가 한 명이 아니라 몇 명이나 생길 수 있다. 그래서 어머니 혼자서는 도저히 돌볼 수가 없다.

예를 들면 침팬지는 연년생이 없다. 침팬지의 출산 간격은 5-7년이기 때문이다. 또한 수유 기간은 4-5년이고, 그동안 어미가 혼자서 새끼를 기른다. 어미 혼자서는 젖먹이를 여럿 돌볼 수 없기 때문에 새끼가 젖을 뗄 때까지는 다음 새끼를 임신하지 않는다. 그래서 출산 간격이 길어진다. 다른 유인원도 출산 간격이 길어서, 고릴라는 약 4년, 오랑우탄은 7-9년이다.

한편 인간의 수유 기간은 2-3년으로 짧다. 더구나 수유하는 동안에 다음 아이를 낳을 수도 있다. 인간은 유인원과는 달리 출산하고 몇 달이 지나면 또다시 임신할 수 있다. 그래서 연년생도 드물지 않고, 어린 형제자매가 많은 경우도 있다.

그러나 이렇게 자녀가 많으면 어머니 혼자서는 돌볼 수 없다. 더구나 침팬지 등 유인원의 새끼는 수유가 끝나면 비교적 바로 독립하지만, 인간은 그렇지 않다. 수유가 끝난 후에도 독립할 때까지 긴 시간이 걸린다. 그동안에도 꾸준히 돌봐주어야 한다. 여러 번 이야기하지만 도저히 어머니 혼자서는 돌볼 수 없는 상황이다.

그래서 인간은 공동으로 자녀를 양육한다. 아버지는 물론 조부모나 그밖의 가족이 양육에 협조하는 일도 흔하고, 혈연 관계가 없는 개체가 자녀의 양육에 협력하는 일도 드물지 않다. 어린이집 같은 형태는 새로운 것이 아니라, 인류가 오랜 옛날부터 해온 당연한 것이다.

이와 관련해서 '할머니 가설(grandmother hypothesis)'이라는 것이 있다. 많은 영장류 암컷은 죽을 때까지 폐경하지 않고 계속해서 새끼를 낳는다. 그러나 인간만은 폐경을 하고 자식을 낳지 못하게 된 후로도 오랫동안 삶을 이어간다. 할머니 가설은 그 이유가 인간이 공동으로 자녀를 양육해왔기 때문에 진화한 형질이라는 것이다. 어머니 혼자서는 자녀를 돌볼 수 없어서 조부모가 양육을 도와줌으로써 자녀의 생존율이 높아졌다. 그 결과 여성이 폐경한 후에도 오래 살도록(할머니라는 시기가 존재한다는 것) 진화했다는 것이다. 무엇보다 인간의 아기는 동물 중에서도 가장 무력하고 도움을 필요로 한다.

동물에게 일부일처가 진화한 것은 자녀를 돌보는 일이 보통 일이 아니었기 때문일 수 있다. 어머니 혼자서는 돌볼 수 없기 때문이다. 우리는 분명 그 조건을 충족하고 있다. 이에 따라서 인간은 일부일처로 진화한 듯하다.

나아가 인간이 젖을 떼는 시기가 이른 이유는 어머니 이외에 누군가가 자녀를 돌봐줄 수 있도록 진화한 결과인지도 모른다. 모유를 줄 수 있는 것은 어머니(혹은 모유가 나오는 다른 여성)뿐이지만, 젖을 뗀 후의 아이는 어머니가 아니어도 돌볼 수 있다. 이렇게 하면 아버지가 자녀를 양육할 수 있는 기간이 길어져서 점점 일부일처가 진화한 듯하다.

그러나 우리는 사회적인 동물이라서 자녀를 반드시 아버지가 돌봐주지는 않아도 된다. 출산한 여성의 부모님이나, 형제자매, 친척이라도 상관없다. 그러나 그 경우에도 아버지가 있는 것이 없는 것보다는 도움이 될 것이다. 그런 의미에서 인간의 짝짓기 방식은 서서히 일부일처제로 진화했을 것이다.

우리는 일부일처제에 적합하지 않을까?

옛날의 생활은 단순했다. 추워지면 난로를 켤 수밖에 없었다. 더워지면 아이스크림을 먹을 수밖에 없었다(그럴 수도 없었겠지만, 일단 그랬다고 치자).

그러나 그후로 시대가 변하고 생활이 복잡해졌다. 추우면 난로나 히터를 켜도 되고, 전기장판을 켜도 된다. 더우면 아이스크림을 먹어도 되고, 에어컨을 켜도 되고, 미스트를 뿌려도 된다. 게다가 아이스크림이 겨울에도 잘 팔리기 시작했다. 방이 충분히 따뜻해졌기 때문이다.

옛날처럼 생활이 단순할 때에는 행동에 별로 선택의 여지가 없었다. 그러나 생활이 복잡해지면 행동의 선택지도 늘어난다. 같은 환경(예를 들면 추위)에 대한 반응이라도 행동에 유연성(예를 들면 난로나 히터나 전기장판)을 보인다. 더구나 얼핏 보기에 모순되는 행동이 일어날 때도 있다(예를 들면 겨울인데 아이스크림을 먹는다).

인간의 뇌가 커지면서 행동도 복잡해졌음이 분명하다. 그렇기 때문에 행동의 선택지가 늘고 여러 결혼 제도에도 대처할 수 있게 된 것은 아닐까? 태어난 곳의 문화에 따라서 그곳의 결혼 제도에 익숙해지는 것은 아닐까?

인간 이외의 동물의 경우, 예를 들면 일부일처 사회를 이루는 동물에게 갑자기 다부다처 생활을 강요해도 잘 적응하지 못할 것이다. 그러나 인간이라면 일부다처의 문화권에 있던 인간이 갑자기 다부일처 문화권(드물지만 존재한다)으로 이사해도 처음에는 당황하겠지만 어떻게든 살아갈 것이다.

인간은 전 세계의 다양한 지역에서 살고 있고, 지역마다 다른 결혼 제도가 존재한다. 일부일처제도, 일부다처제도, 다부일처제도, 그리고 다부다처제도 있다. 인간은 유연하게 대처할 수 있기 때문에 어떤 결혼 제도라도 잘 적응해나갈 수 있을 것이다. 그래도 가장 많은 것은 일부일처제이다. 자녀 양육의 어려움 때문에 서서히 일부일처제로 진화하는 경향이 있는 것일 수도 있다. 그러나 그런 경향이 있다고 해도 문화적인 영향이 더 중요할 것이다. 그렇기 때문에 다양한 결혼 제도가 존재함과 동시에 일부일처 사회가 다수를 차지하고 있는 것은 아닐까?

그래도 역시 인간은 일부일처제에 적합하지 않다는 의견이 있다. 빈번하게 바람을 피우기 때문에 생물학적으로 아버지가 아닌 아버지가 상당히 있다는 설이다.

생물학적으로 아버지가 다를 확률은 실제로 얼마나 될까? DNA를 통한 유전자 검사 결과에 따르면, 상당히 획기적인 비율이 보고되고는 한다. 그러나 그 결과는 믿을 수가 없다. 유전자 검사를 받는 사람들 중에는 원래부터 생물학적인 아버지를 의심할 만한 이유가 있는 경우가 많기 때문이다.

따라서 유전성 질환에 따른 조사를 하는 것이 오히려 도움이 된다. 자녀에게 유전성 질환이 있을 경우, 아버지가 그 유전자를 가지고 있었을 것이다. 그러나 그 유전자를 조사해보면 드물게 아버지가 그 유전자를 가지고 있지 않은 경우가 있다. 대략 1-4 퍼센트 정도이다. 이 정도면 별로 획기적인 숫자는 아닐 것이다.

제 13 장

우리는 왜 죽는가?

세균의 나이는 40억 살

옛날 생물들은 죽지 않았다. 그러나 우리 인간은 반드시 죽는다. 왜 그럴까?

왜 옛날 생물들이 죽지 않았는가 하면 세균이나 그와 비슷한 생물밖에 존재하지 않았기 때문이다. 물론 세균도 환경이 나빠지거나 사고를 당하면 죽을 수도 있다. 그러나 쾌적한 환경에 있으면 세포 분열을 계속하면서 영원히 살아갈 수 있다.

세균이 세포 분열을 해서 2개의 세균이 되면, 즉 모세포가 세포 분열을 해서 2개의 딸세포가 되면 이미 딸세포와 모세포는 별개의 개체가 되고 모세포는 사라진다는 사고방식도 있다. 그럴 경우에도 모세포가 "죽었다"라고는 하지 않을 것이다. 여기에서

"죽는다"는 말은 "세포 속에서 일어나고 있는 화학 반응 등의 활동이 멈추고, 분해되어 흙이나 공기로 돌아간다"는 것을 가리킨다. 그런 의미라면 세포는 영원히 죽지 않을 가능성이 있다.

지구에 생물이 있었다는 가장 오래된 증거는 약 38억 년 전의 것이다. 생물이 태어난 것은 당연히 가장 오래된 증거보다 이전의 일이므로 그 시기는 대략 40억 년 전일 것이다. 그러므로 우선 세포가 태어난 것을 약 40억 년 전이라고 친다면, 현재 살아 있는 세균은 약 40억 년 동안 계속해서 살아왔다는 말이 된다. 즉 세균은 무한히 세포 분열을 반복할 수 있기 때문에 수명이라는 것이 없다.

수명은 진화 때문에 생겼다

그러나 우리에게는 수명이 있다. 전 세계적으로 인간의 평균 수명은 대폭적으로 늘어났다. 그럼에도 최대 수명은 별로 늘지 않았다.

최고령 기록에는 불확실한 사례가 많아서 어디까지가 사실인지 판단하기 어렵지만, 적어도 프랑스인인 잔 칼망(1997년 사망)이 122세까지 살았다는 사실은 분명한 것 같다. 거의 우리의 수명의 최대치라고 보아도 좋을 것이다. 아무리 좋은 환경에서 살아도 영원히 살 수는 없다.

옛날 생물에게는 수명이 없었다. 그러나 진화해가는 동안 수명이 있는 생물이 나타났다. 즉 수명은 진화에 의해서 만들어졌을 가능성이 높다. 그 결과 현재는 수명이 없는 생물과 수명이 있는 생물이 모두 존재하게 된 것이다.

세균의 일종인 대장균은 영양분을 잘 공급받으면 약 20분에 1번씩 분열한다. 이런 속도로 분열을 계속하면 이틀도 지나지 않아서 대장균의 무게는 지구의 무게를 넘고 만다. 물론 실제로 그런 일은 벌어지지 않는다. 왜냐하면 대부분의 대장균은 죽기 때문이다.

어쩌면 당신은 신에게 부탁할지도 모른다. "저는 죽는 것이 싫어요. 그러니 저를, 저를 대장균으로 만들어주세요." 그러나 그것은 별로 좋은 생각이 아니다. 대장균이 된다고 해도 대부분의 대장균은 바로 죽고 오래 살 수 없기 때문이다. 앞에서도 말한 것처럼 그렇지 않으면 지구는 이내 대장균 천지가 되고 말 것이다. 평균 수명으로 생각하면 대장균보다 우리가 훨씬 더 장수하는 셈이다.

지구의 크기는 제한되어 있기 때문에 이곳에서 살 수 있는 생물의 양에는 한계가 있다. 지구에는 정원이 있기 때문이다. 그러므로 정원을 넘은 만큼의 개체는 안타깝지만 죽어야 한다. 물론 대장균 같은 세균에게는 영원히 계속 살아갈 가능성이 있다. 그렇다고는 해도 오랫동안 계속 살 수 있는 세균은 극히 일부이며 대부분의 세균은 바로 죽는다.

그렇다면 모두가 죽지 않고 언제까지나 살 수 있는 방법은 없을까?

특이점은 이미 일어나고 있다

실은 모두가 죽지 않고 언제까지나 살 수 있는 방법이 있다. 분열하지 않거나 자식을 낳지 않으면 된다. 그러면 개체 수가 늘지 않기 때문에 지구의 정원을 초과하는 일은 없다. 그리고 모두가 언제까지나 영원히 살 수 있다.

당신과 가족이나 친구, 나아가 전혀 모르는 타인을 포함해서 인간에게 수명이 없고 영원히 살 수 있다고 치자. 그럴 경우 물론 아무도 자식은 낳지 않는다. 그것이 최소한의 약속이다. 자식을 낳으면 인구가 늘어날 것이다. 살아 있는 인간이 죽지 않는 것이므로 자식을 계속 낳으면 언젠가는 지구의 정원을 초과하고 만다. 그러나 잘 생각해보면 자식을 낳지 않고 영원히 산다는 것은 불가능한 듯하다.

약 40억 년 전에 지구의 어딘가에서 유기물이 화합하여 생물이 되려고 했을 때, 그 유기물 덩어리를 생물로 만든 것은 자연선택의 힘이었다. 자연선택이 일어나지 않으면 유기물 덩어리는 곧바로 사라지고 말 것이다. 그러나 자연선택이 작용하기 시작하면 유기물 덩어리는 점점 복잡한 생물로 조립될 수 있다. 주변 환경에 적응시켜서 좀처럼 사라지지 않는 유기물 덩어리로, 그리고 결국에는 생물로 만들 수 있다. 이처럼 유기물을 생물로 만드는 힘, 나아가 생물을 환경에 적응시켜서 살아남게 하는 힘, 그것은 이 세상에 하나밖에 없다. 바로 자연선택이다.

그런데 인공지능(Artificial Intelligence, 줄여서 AI)에 관련해서 '특이점(singularity)'이라는 말이 널리 알려졌다. 인공지능이 발전해서 사회의 다양한 분야에서 활약하게 되었다. 그러자 인공지능의 발전에 불안을 느끼는 사람들도 생겼다. 인간의 일을 인공지능에게 빼앗기는 것은 아닐까? 인공지능이 인간의 능력을 뛰어넘는 것은 아닐까? 그리고 결국에는 특이점이 오는 것은 아닐까 하는 생각이다.

특이점은 주로 '기술적 특이점'으로 번역되는데, 이는 "지금까지와 동일한 규칙이 적용되지 않는 시점"을 말한다. 구체적으로는 인공지능이 자신의 능력을 뛰어넘는 인공지능을 스스로 만들 수 있게 된 시점이다. 그리고 특이점이 찾아오면 인공지능에 의해서 인류가 멸종할지도 모른다는 것이다.

인공지능이 자신보다 영리한 인공지능을 만들게 되었다고 치자. 그러면 새롭게 만들어진 인공지능은 다시 자신보다 영리한 인공지능을 만든다. 그 새로운 인공지능이 한층 더 영리한 인공지능을 만든다. 이를 반복하면 인간보다 훨씬 현명한 인공지능이 순식간에 나타날 것이다. 그렇다면 우리를 훨씬 앞지른 지성을 가진 인공지능이 우리를 어떻게 다룰까? 그것을 알지 못하기 때문에 불안한 것이다.

그런데 생물의 세계에서는 특이점이 이미 일어나고 있다. 생물의 특이점은 자연선택이 활동하기 시작한 시점이다. 자연선택이 활동하기 시작하면 유기물의 구조는 한순간에 복잡해지고 갑자기 기능적으로 움직이게 되어 유기물이 환경에 적응하도록 하고, 그런 다음 생물이 탄생하게 된다.

그리고 생물이 된 후에도 계속 살기 위해서는 자연선택이 필요하다.

'죽음'이 생물을 탄생시켰다

자연선택이 일어나기 위해서는 개체가 죽어야 한다. 자연선택에는 환경에 맞는 개체를 늘릴 힘이 있다. 그러나 왜 그런 일이 일어나는가 묻는다면, 그 이유는 환경에 맞지 않는 개체가 죽기 때문이다.

환경에 맞을지 맞지 않을지는 상대적인 것이다. "보다 환경에 맞는 개체가 살아남는다"는 것은 "보다 환경에 맞지 않는 개체가 죽는다"는 뜻이기도 하다.

그러므로 자연선택이 계속 이루어지기 위해서는 생물이 계속 죽어야 한다. 그러나 계속 죽어도 멸종하지 않기 위해서는 분열하거나 자식을 낳아야 한다.

그러므로 만일 죽지 않고 영원히 살 가능성이 있는 생물이 있다면 그 생물에게는 자연선택이 일어나지 않는다. 자연선택이 일어나지 않으면 주변 환경에 맞추어서 진화할 수 없다. 더워도 추워도, 지면이 올라와 산이 되거나 지면이 침몰해서 바다가 되어도 모두 같은 형태인 채로 변화하지 않는다면……그런 생물은 환경에 적응할 수 없어서 멸종하고 말 것이다. 영원히 살 가능성이 있는 대장균도 환경이 나빠지면 죽기 마련이니까…….

죽지 않으면 자연선택이 일어나지 않는다. 그리고 자연선택이 일어나지 않으면 생물은 태어나지 않는다. 즉 죽지 않았다면 생물은 태어나지도 않았다. 죽지 않으면 생물은 40억 년간이나 계속 살 수 없었을 것이다. '죽음'이 생물을 탄생시킨 이상, 생물은 '죽음'과 연을 끊을 수는 없을 것이다. 그런 의미에서는 진화란 매우 잔혹한 것인지도 모른다.

나가며

얼마 전 고등학교 때의 친구를 수십 년 만에 만났는데 놀라운 이야기를 들었다. 그는 어느 대학 의과대학에 입학했는데, 그 의과대학에 지망한 동기가 내가 옛날에 했던 말이었다는 것이다.

"네 실력으로 절대 ○○대 의대에 합격할 리가 없어."

고등학교 때에 내가 그에게 그렇게 말했다고 한다. 그래서 "어디 두고 보자"하는 화난 마음에 열심히 노력해서 합격했다는 것이다.

나는 전혀 기억하지 못하지만, 그가 그렇게 말하는 것을 보면 분명히 그렇게 말했을 것이다. 때린 사람은 잊어도 맞은 사람은 잊지 않는다는 말을 자주 듣는데 그러고 보면 정말 그런 것 같다. 인간의 (아니, 나의) 기억은 스스로에게 불합리한 일은 잊어버리도록 만들어진 듯하다. 내가 그렇게 심한 말을 했다니 미안한 마음이 들었다.

그러나 말은 하기 나름이다. 내가 한 말은 분명 상대방에게 실례가 되는 말이었다. 그러나 만일 정말 그 말 때문에 노력해서 대학교에 합격했다면 오히려 잘된 일이라고 할 수 있다(이 또한 나 자신을 합리화하는 해석이지만). 모든 일에는 좋은 면도 있고 나쁜 면도 있기 때문이다.

마지막 장에서 '죽음'이 생물을 낳았다고 설명했다. 그것은 모든 생물은 생존 경쟁을 하고 있다고 바꾸어 말해도 된다. 제11장에서 말한 대로 생존 경쟁을 함으로써 자연선택이 일어나기 때문이다. 즉 보다 환경에 맞지 않는 개체가 죽음으로써 보다 환경에 맞는 개체가 늘어가는 것이다. 다만 생존 경쟁이라고 해도 실제로 반드시 싸운다고는 할 수 없다. 사실 죽지 않도록 하는 행동, 즉 살려고 하는 행동은 모두 생존 경쟁이다. 춥고 얼어붙을 것 같아서 조금이라도 따뜻해지려고 손을 비빈다. 그것도 생존 경쟁이다.

기분 좋게 맑은 봄날의 오후. 나뭇가지 끝을 날아다니는 새들이 즐겁게 지저귄다. 그런 새들이 지금 무엇을 하고 있는가 하면……, 물론 생존 경쟁 중이다.

산들바람이 불어오는 초원에서 소가 풀을 뜯어먹고 있다. 숲 속의 동물들과 달리 유유자적하며 살고 있다. 그런 소들이 지금 무엇을 하고 있는가 하면……, 물론 한창 생존 경쟁 중이다.

의사의 친구가 불치의 병에 걸렸다. 의사는 친구를 구하려고 최대한 노력했다. 그러나 유감스럽게도 친구는 숨지고 말았다. 이 의사와 친구가 무엇을 했는가 하면……, 물론 두 사람은 생존 경쟁을 하고 있었다.

한정된 지구에서 산다는 것은 입시를 치르는 것과 같다. 그런 지구에서 자신이 산다는 것만으로 다른 누군가가 살 수 없게 된다. 대학 입학 시험에서 자신이 합격한다면 다른 한 사람은 불합격을 하게 된다.

지구의 크기가 한정되어 있는 이상, 생존 경쟁은 반드시 일어난다. 평화로운 환경 속의 생물을 들여다보면 자칫 지나치기 쉽지만, 언제 어디에서든지 생존 경쟁은 일어나고 있다.

그리고 생존 경쟁은 자연선택이 일어나기 위한 필요조건이다. 작은 새들에게는 하늘을 나는 데에 적합한 날개가 있다. 소들은 초원을 달리는 데에 적합한 발굽이 있다. 이것들은 자연선택에서 만들어진 것이다. 따라서 그러한 날개나 발굽이 있는 것이 생존 경쟁이 일어나고 있다는 증거이다.

아무래도 '생존 경쟁'이라는 말은 바람직하지 않은지도 모른다. '자신의 생명을 소중히 하는 것'으로 바꾸어 말하는 것이 좋을지도 모른다. '생존 경쟁'과는 느낌이 조금 다르지만 같은 뜻이기 때문이다.

작은 새들이 날아다니는 나뭇가지 끝이나 산들바람이 부는 푸른 초원을 탄생시킨 진화를 어떻게 볼 것인가? 자신의 생명을 소중히 하는 평화로운 진화로 볼 것인가? 아니면 생존 경쟁에 의한 잔혹한 진화로 볼 것인가? 사실 양쪽 다 맞다. 그것은 단순한 견해의 문제이고, 실제로는 같은 것을 다른 측면에서 보고 있는 것에 지나지 않는다.

동창이 나의 말 때문에 대학에 합격했다면 그 말에는 무례한 측면도 있었지만 도움이 된 측면도 있었던 것이다. 그러나 실제로 내가 한 말은 하나이다. 그것을 어떻게 받아들일지는 사람에 따라서 상황에 따라서 다르지만 어찌되었든 내가 한 말은 하나뿐이다.

자, 그러고 보니 처음에 한 이야기는 당신이 곧 사라질 지구를 떠나 다른 행성으로 이주한다는 것이었다. 당신은 직업소개소에 상담을 받으러 갔는데 거기에서 이런 생각을 했다.

'무시하지 마! 대체 나를 뭘로 보고……. 나 인간이야. 옛날에는 정말 대단했다고.'

사실 인간이 그렇게 대단한 존재는 아니다. 그렇다고 해서 비굴해질 필요도 없다. 다른 생물이 인간보다 딱히 더 우수한 점도 없기 때문이다. 대단하다, 대단하지 않다는 단순한 견해의 문제에 지나지 않으며 실제로는 같은 것을 다른 측면에서 보고 있을 뿐이다.

인간은 단순한 생물의 한 종류이다. 그러나 뇌가 크다는 이유로 자신을 특별하다고 생각하는 버릇이 있는 것 같다. 그러나 그런 관점은 인간이라는 종을 볼 때에도 다른 생물을 볼 때에도 시야를 가리고 만다. 사물을 있는 그대로 본다는 것은 좀처럼 쉽지 않은 일이다. 때로는 잔혹한 진실과 마주해야 하기 때문이다. "세상을 있는 그대로 본 후에 그것을 사랑하는 데에는 용기가 필요하다." 프랑스의 문학자 로맹 롤랑이 한 말은 인간의 진화에 딱 들어맞는 말인 듯하다.

마지막으로 이 책을 집필하는 데에 조언을 아끼지 않은 NHK 출판의 야마키타 겐지, 이 책을 좋은 방향으로 이끌어주신 수많은 분들, 그리고 무엇보다 이 글을 읽어주신 독자 여러분들께 깊이 감사한다.

2019년 9월

사라시나 이사오

역자 후기

"세상을 있는 그대로 본 후에 그것을 사랑하는 데에는 용기가 필요하다"라는 로맹 롤랑의 말처럼, 사물을 있는 그대로 본다는 것은 쉽지 않은 일이며 때로는 잔혹한 진실과 마주해야 하는 일이기도 하다.

이 책이 전하는 인간의 진화를 둘러싼 불편한 진실은 과연 무엇일까?

인류도 대장균도 사는 목적은 한 가지!

보는 관점에 따라서는 인류가 침팬지보다도 원시적!

인류보다 뛰어난 내장기관을 지닌 생물은 수없이 많다!

심장병, 요통, 난산을 피할 수 없도록 진화된 인체는 진화의 실패작인가?

자연선택이 일어나기 위해서는 개체가 죽어야 한다!

이 책을 읽으면서 인류가 진화의 마지막 단계의 우수한 개체가 아니며, 가장 진화한 종도 아니라는 사실을 처음으로 깨달았다.

이는 두 발로 걷는 소들이 인간을 지배하고, 인간이 소에게 잡아 먹히는 혹성에 관한 풍자만화『미노타우로스의 접시』를 읽었을 때와 비슷한 신선한 충격으로 나에게 다가왔다.

이 책은 인체 진화의 불편한 진실을 학술적인 용어를 최대한 줄이고 일반 독자도 쉽게 설명해주어 읽는 이에게 더할 수 없는 지적 즐거움을 안겨준다.

인간의 허파는 조류나 공룡의 허파를 당할 수 없다는 것(제2장), 질소(소변)를 버리는 방법을 보면 포유류보다 조류나 파충류 쪽이 육지 생활에 적합하다는 것(제3장), 인간 눈의 원뿔세포가 4 → 2 → 3, 눈의 수도 0 → 3 → 2로 줄었다가 늘었다가 했다는 것(제6장), 침팬지 같은 손에서 인간의 손으로 진화한 것이 아니라, 인간의 손에서 침팬지의 손으로 진화했다는 것(제8장), 그러므로 인간이 진화의 정점이나 종착점에 있는 것이 아니며, 직립 보행으로 진화했기 때문에 심장병(제1장), 요통(제7장), 난산(제10장)을 겪기 쉽다는 사실 등으로 보아 인간이 불완전한 존재라는 사실을 차례차례 설명한다.

중간중간 예시와 흥미로운 스토리에서 작가의 각별한 재치도 엿볼 수 있다.

알파 별 사람들의 이야기를 필두로 진화의 길을 릴레이 바통에 비유하기도 하고(제2장), 가난한 남자아이가 양복을 입고 있지 않은 상태에서 입은 상태로 진화하는 과정을 예로 진화가 지날 수 있는 길은 제한되어 있다고 설명하기도 하고(제6장), "바람이 불면 통장수가 돈을 번다"는 속담을 예로 왜 인간 이외의 유인원은 직립보행으로의 진화가 일어나지 않았는지를 고찰하기도 하고(제9장), 게으른 호모 에렉투스와 달리기를 매우 좋아하는 호모 에렉투스를 들어 다윈의 진화론을 재조명하기도 하고(제11장), 마지막의 일부일처제의 이야기(제12장)도 매우 흥미롭다.

인간을 포함해서 모든 생물은 진화의 과정에 있으며 전진도 하고 후진도 한다. 처음부터 환경에 완벽하게 적응한 생물은 존재하지 않는 가공의 생물이며 우리 인간 역시 불완전한 존재임을 알려주는 것이다.

마지막 장의 자연선택설도 인상적이었다. "죽지 않으면 자연선택이 일어나지 않는다. 그리고 자연선택이 일어나지 않으면 생물은 태어나지 않는다. 즉, 죽지 않았다면 생물은 태어나지도 않았다"는 잔혹한(?) 결론이 이 책의 제목인 "잔혹한 진화론"으로 자연스럽게 이어지고 있다.

인류의 조상과 진화 과정 그리고 삶과 죽음의 의미까지 많은 것을 배우고 생각하게 해준 한 권의 책이다.

2020년 10월

옮긴이 황혜숙

찾아보기